FERME-ÉCOLE DE PAILLE

Commune des Mées (Basses-Alpes)

QUESTIONNAIRE

AGRICOLE

PIGNE

VIAL, IMPRIMEUR — LIBRAIRE

5, rue Capitoul, 5

1877

FERME-ÉCOLE DE PAILLEROLS

Commune des Mées (Basses-Alpes)

QUESTIONNAIRE

AGRICOLE

DIGNE

VIAL, IMPRIMEUR - LIBRAIRE

5, Rue Capitoul, 5

1877

QUESTIONNAIRE AGRICOLE

ÉTUDE DU SOL

Qu'est-ce que le sol arable ?

Le sol arable est la couche de terre remuée par les instruments aratoires, araires et charrues ordinaires.

Quels sont les éléments constitutifs du sol ?

Les principaux éléments du sol sont l'argile, le sable, la chaux et l'humus.

Quels sont les caractères de la terre argileuse ?

La terre argileuse est peu perméable, douce au toucher, se pétrit sous les doigts quand elle est humide et durcit ou se crevasse fortement par la grande chaleur.

Quels sont les caractères de la terre sablonneuse ?

La terre sablonneuse est composée de grains plus ou moins fins et durs qui n'ont pas de liaison entre eux, elle ne peut se pétrir comme l'argile, ne se crevasse pas par la sécheresse et ne retient pas l'eau.

Quels sont les caractères de la terre calcaire ?

La terre calcaire est ordinairement légère et blanchâtre ; elle bouillonne quand on y verse dessus du fort vinaigre ou un acide plus énergique. Elle s'échauffe facilement au soleil et les plantes y sont hâtives.

Ces terres prises isolément peuvent-elles former un bon sol ?

Chacune de ces terres prises seules forme un mauvais sol, ce n'est que par leur mélange convenable qu'elles peuvent constituer une bonne terre.

Qu'est-ce qu'une terre franche ?

On appelle terre franche celle qui est composée de trois autres à peu près à égales proportions et qui contient 5 ou 6 pour cent d'humus.

Qu'est-ce que l'humus ?

L'humus est un terreau noirâtre, provenant de la décomposition des plantes et des engrais.

A quoi sert l'humus ?

L'humus est la base de toute fertililé, il se dissout dans l'eau et devient la principale nourriture des plantes ; il doit toujours être doux, s'il était acide il serait sans effet utile.

Quest-ce qui peut rendre l'humus acide ?

L'excès d'humidité rend l'humus aigre, il faut alors assainir et employer la chaux, les cendres ou d'autres matières qui détruisent l'acidité de l'humus.

Qu'est-ce que le sous-sol ?

Le sous-sol est la couche de terre qui est au-dessous de la couche arable, il contient très-peu d'humus et n'est remué que dans les défoncements.

Dans quel cas doit-on ramener une partie du sous-sol à la surface ?

Il est utile de ramener une partie du sous-sol à la surface quand il est de bonne nature et qu'on dispose de beaucoup d'engrais ; dans le cas contraire il est préférable de le remuer sur place sans le faire arriver sur le sol.

Qu'est-ce qu'un sous-sol perméable ?

Le sous-sol est dit perméable quand il laisse passer

l'eau et les racines des plantes ; il est appelé imperméable dans le cas contraire.

L'épaisseur de la couche labourable exerce-t-elle une grande influence sur la valeur du sol ?

Oui, et on peut dire en général que plus elle est épaisse, plus la terre est fertile, plus elle vaut.

A quoi servent le sol et le sous-sol ?

Ils servent à donner de la fixité aux plantes et à les nourrir.

AMÉLIORATION DU SOL

Comment peut-on améliorer une terre ?

On peut améliorer une terre : 1° en corrigeant ses défauts ; 2° en augmentant sa fertilité par les labours, les amendements et les engrais.

Quels sont les principaux moyens de corriger les défauts de certaines terres ?

Ces moyens sont, suivant le cas : les épierrements, les défrichements, le drainage, les défoncements, etc.

Qu'entend-on par épierrement ?

On entend par cette opération l'enlèvement de pierres qui encombrent le sol et gênent la culture.

Qu'appelle-t-on défricher une terre ?

C'est la mettre en culture pour la première fois, cette opération se fait à bras ou avec la charrue.

Qu'est-ce que le drainage ?

C'est une opération ayant pour but de débarrasser le sol de l'excès d'humidité qu'il peut contenir.

Comment se pratique le drainage ?

En creusant des fossés de 80 centimètres à 1 mètre de profondeur, espacés de 15 à 20 mètres, dans lesquels on établit des conduits en pierrailles, ou des tuyaux en poterie pour attirer les eaux et les conduire hors du champ qui est trop humide.

Qu'est-ce que le défoncement ?

On entend par ce mot le labour profond, à bras ou à la charrue qui attaque le sous-sol.

Quelle est l'utilité du défoncement ?

C'est de permettre aux racines de descendre plus profondément et d'avoir ainsi plus d'étendue pour se nourrir.

Instruments aratoires et labours

Quels sont les principaux instruments aratoires employés pour la culture du sol ?

Ces instruments sont : 1° les charrues; 2° les herses ; les rouleaux; 3° les houes à cheval; 4° les buttoirs ; 5° les scarificateurs et les extirpateurs.

Qu'est-ce que la charrue ?

La charrue est un instrument qui sert à couper la terre, à la soulever et à la renverser.

Quelles sont les principales parties de la charrue ordinaire ?

Ces parties sont le *soc* qui coupe la terre horizontalement ; le *coutre* qui la coupe verticalement, et le *versoir* qui la renverse ; puis viennent les mancherons qui servent à la diriger, l'âge et les étançons qui retiennent toutes les pièces ensemble, enfin le régulateur qui sert à régler l'entrure et la largeur de la bande à renverser.

Quelles conditions doit réunir une bonne charrue ?

Une charrue, quelle qu'en soit la dimension, doit être simple, solide, facile à diriger, ne pas donner trop de tirage et n'être pas trop chère.

Quelle est la charrue ordinaire qui réunit au plus haut degré ces qualités ?

C'est la charrue Dombasle ; aussi est-elle la plus répandue, surtout dans le Midi.

Qu'est-ce qu'une charrue tourne-oreille ?

La charrue tourne-oreille est celle qui a deux versoirs ; elle sert pour les labours à plat, tandis que la charrue à un versoir ne peut labourer qu'en planches ou en billons ; elle laisse ainsi des dérayures qui gênent surtout pour l'arrosage. La meilleure tourne-oreille est celle dite double Brabant.

Qu'est-ce que la herse ?

La herse est un instrument qui sert à ameublir le sol, à soulever les mauvaises herbes et à enfouir les semences ; les deux herses les plus estimées dans le Midi sont la herse Valcour et la herse articulée de Howard.

Quest-ce que le rouleau ?

Le rouleau est un instrument en bois, en pierre ou en fer qui sert à briser les mottes, à tasser le sol et quelquefois à battre les céréales.

Qu'est-ce que la houe à cheval ?

C'est un instrument qui sert à biner les culture sarclées semées en lignes équidistantes, elle économise beaucoup de main-d'œuvre, mais demande un conducteur adroit.

Qu'est-ce que le buttoir ?

C'est un instrument qui sert à soulever la terre au pied des plantes ; c'est une espèce de charrue sans coutre et à deux versoirs.

Quest-ce que le scarificateur et l'extirpateur ?

Ce sont deux instruments qui servent à ameublir la surface du sol ; le premier a des dents un peu courbes et agit comme une herse énergique ; le second a des socs et fonctionne comme la houe à cheval.

Quels instruments emploie-t-on quand on veut défoncer une terre ?

On emploie des défonceuses et des fouilleuses ; les premières ramènent une partie du sous-sol à la surface, les autres ne font que le remuer sur place. La défonceuse la plus employée dans le Midi est la défonceuse Bonnet.

Quel nom donne-t-on aux travaux faits avec les charrues et autres instruments qui ameublissent le sol ?

On appelle ces travaux des labours.

Comment classe-t-on les labours par rapport à la profondeur ?

Suivant la profondeur d'un labour on dit qu'il est superficiel, moyen ou profond. Il est superficiel si on ne creuse que 8 ou 10 centimètres, moyen s'il descend à 15, profond s'il arrive à 20 ou 25. Au-dessus de 25 c'est un défoncement et il faut alors la charrue et la défonceuse après.

Comment s'exécutent les labours ?

Les labours se font à plat, en planches et en billons.

Quelle différence y a-t-il entre ces labours ?

Dans le labour à plat la charrue revient toujours sur la même raie et il n'y a pas de dérayures, il est très-avantageux pour les terres irriguées, le niveau du sol n'étant pas dérangé. Dans le labour en planches on fait des chantiers de 25 à 30 mètres de largeur séparés par une dérayure. Le billon consiste à endosser 4 ou six raies, il est indispensable dans les terrains humides.

Quel est le but des labours ?

On laboure pour ameublir la terre, l'aérer et détruire les mauvaises herbes. On laboure encore pour enfouir les engrais et même la semence.

Comment doit être placée la bande de terre dans un labour bien fait ?

La bande doit être détachée verticalement et parallèlement à la surface du sol, déposée sur le côté et inclinée au lieu d'être complétement renversée.

Quelles sont les plantes qui exigent des labours profonds ?

Pour toutes les plantes à racines pivotantes et pour les cultures sarclées plus les labours sont profonds plus ils sont avantageux pour le développement des racines et la conservation de la fraîcheur.

Amendements et engrais

Qu'est-ce qu'un amendement ?

On donne le nom d'amendement à toute substance qui modifie la nature du sol sans servir de nourriture aux plantes.

Quels sont les principaux amendements ?

Les principaux amendements sont la marne, la chaux, le plâtre, la suie les cendres ; on peut y ajouter l'argile et le sable.

Qu'est-ce que la marne ?

La marne est une substance composée principalement d'argile et de chaux. On n'en fait aucun usage dans le Midi, non plus que de la chaux et du plâtre, car en général les terres y contiennent assez de calcaire.

Pourquoi n'amende-t-on pas les terrains trop sablonneux avec de l'argile et réciproquement ?

On fait ces opérations fort rarement en grand parce qu'elles deviennent excessivement coûteuses par les charrois.

Ne pourrait-on pas amender le sol à l'aide du sous-sol ?

On peut amender le sol en le mêlant avec le sous-sol à l'aide du défoncement lorsqu'ils sont de nature différente, mais dans ce cas il faut agir avec intelligence et peu à peu, afin que le mélange soit bien complet.

Qu'appelle-t-on engrais ?

On désigne sous le nom d'engrais les produits de la décomposition de toutes les substances végétales ou animales ainsi que les excréments des animaux.

Comment peut-on classer les engrais ?

On peut diviser les engrais en trois grandes catégories:
1° Engrais végétaux ;
2° Engrais animaux ;
3° Engrais mixtes ou fumiers.

Quels sont les principaux engrais végétaux ?

Les principaux engrais végétaux sont :
1° Les engrais verts ;
2° Les divers tourteaux.

Qu'appelle-t-on engrais verts ?

On donne ce nom aux plantes qu'on enfouit dans le sol au moment de leur floraison. Les principales sont les légumineuses et le sarrazin ; celui-ci n'est pas cultivé dans le Midi à cause de la sécheresse du climat.

Qu'est-ce que les tourteaux ?

Les tourteaux sont les résidus de la fabrication des huiles ; il y en a une foule d'espèces, mais les plus employés dans le Midi sont les sézames et les arachides.

Combien faut-il de tourteau pour fumer un hectare de céréales et de pommes de terre ou de betteraves ?

Il faut environ 700 kilog. pour le blé et de 1,000 à 1,200 kilog. pour les racines.

Comment emploie-t-on le tourteau ?

Pour les céréales on le répand à la volée et on l'enterre tantôt avant les semailles tantôt en même temps que le blé ; pour les racines on le dépose dans la raie, mais jamais sur le tubercule ou la racine.

Quelles sont les années où le tourteau donne de bons résultats ?

Le tourteau ne donne de bons résultats que dans les années humides à moins qu'on ne puisse arroser.

Quels sont les principaux engrais animaux ?

Les principaux engrais animaux sont : les matières fécales, le guano, la colombine, toutes les issues d'abattoir le noir animal, les chiffons de laine, etc. Ce sont les engrais les plus complets et les plus puissants, malheureusement ils sont assez peu abondants et chers.

Quels sont les plus utilisés dans le Midi ?

Les engrais animaux les plus employés par les cultivateurs, dans le Midi, sont le guano, les chiffons de laine les tondelles de drap, les rognures de cuir.

Qu'est-ce que le guano ?

Le guano est le mélange des excréments d'oiseaux marins mêlés avec leurs dépouilles et déposés dans certaines îles des côtes du Pérou.

A quelle culture emploie-t-on le guano ?

Quand on manque de fumier on emploie le guano à la fumure des prairies naturelles à raison de 300 kilog. par hectare qu'on répand en deux fois. Le guano revient à environ 55 fr. les 100 kilog.

Que désigne-t-on sous le nom d'engrais mixte ?

On désigne ainsi le mélange des excréments des animaux avec de la litière, c'est l'engrais le plus ordinairement employé en agriculture.

Qu'appelle-t-on litière ?

On donne ce nom à toutes les substances qu'on met sous les animaux pour recueillir les urines et se mêler aux autres déjections. La paille est la meilleure de toutes les litières.

Qu'appelle-t-on fumiers chauds, fumiers froids ?

Les fumiers des chevaux, mulets, bêtes à laine et autres contenant peu d'humidité sont plus actifs et se désignent sous le noms de fumiers chauds. Les déjections des bêtes bovines et des porcs, par la raison contraire, sont des engrais froids.

A quelles terres conviennent le mieux ces espèces de fumiers ?

Les fumiers chauds sont plus propres aux terres argileuses froides, et les fumiers froids aux terres sablonneuses ou calcaires.

Qu'est-ce que le fumier de ferme ?

On nomme ainsi le mélange des fumiers provenant des divers animaux de la ferme.

Quel avantage y a-t-il à mêler les fumiers chauds et les fumiers froids ?

Ce mélange retarde la fermentation trop rapide des premiers et accélère celle trop lente des derniers.

Quels sont les animaux qui produisent les meilleurs fumiers ?

Les animaux les plus robustes et les mieux nourris donnent les meilleurs fumiers.

D'où dépend la quantité du fumier ?

Elle dépend surtout de la quantité d'aliments consommés, de leur nature, de la quantité et qualité de la litière et de la préparation.

Où dépose-t-on le fumier au sortir des écuries ou étables ?

Au sortir des écuries, étables, etc., le fumier doit être déposé par couches régulières et bien tassées sur la plate-forte ou dans la fosse à engrais. Le sol de l'une comme de l'autre doit être imperméable.

Quelle différence y a-t-il entre la plate-forme et la fosse à engrais ?

La plate-forme est au niveau du sol, tandis que la fosse à engrais est en contre-bas ; dans le Midi cette dernière est préférable : elle maintient mieux la fraîcheur à l'engrais.

Qu'est-ce que le purin et à quoi sert-il ?

Le purin est le liquide qui s'écoule des tas de fumier ; on doit le recueillir dans des fosses appelées purinières et l'employer à arroser les tas quand ils en ont besoin. On peut aussi le transporter aux champs dans des tonneaux et en arroser les terres, surtout les prés.

Que faut-il faire pour empêcher le fumier de prendre le blanc, autrement dit de se moisir ?

Pour éviter cet inconvénient il faut fortement tasser le fumier, le recouvrir d'une petite couche de terre et même quelquefois l'arroser.

La terre qu'on met sur le fumier n'a-t-elle pour but que de l'empêcher de se dessécher ?

Non, cette terre a encore pour but d'absorber les vapeurs ammoniacales qui se dégagent du tas de fumier. On pourrait remplacer avec avantage cette terre par du plâtre si on en avait, à bon marché, à sa disposition.

Quels fumiers doit-on employer pour les récoltes qui restent peu en terre ?

On doit leur appliquer des fumiers bien décomposés qui sont de suite à la disposition des plantes. Les fumiers frais ou peu pourris conviennent dans le cas contraire.

Que dit Jacques Bujault en parlant de la fumure ?

Pour récolter, dit-il, il faut fumer.

1*

Semer sans fumer c'est se ruiner.

Sème moins et fume mieux.

Ce n'est pas ce qu'on sème qui rapporte, c'est ce qu'on fume.

A petit fumier petit grenier.

Combien faut-il de fumier pour fumer convenablement un hectare ?

La quantité de fumier à employer par hectare varie avec la nature des récoltes, la fréquence de la fumure, etc. Quand on ne fume que tous les 3 ou 4 ans, il faut environ 40.000 kilog. de fumier par hectare.

Doit-on laisser le fumier étendu sur le champ ?

On doit enterrer le fumier le plus tôt possible afin qu'il ne perde pas ses qualités fertilisantes par l'évaporation.

Avec quel labour doit-on enterrer le fumier ?

Dans le Midi c'est avec le labour le plus profond qu'on l'enterre, afin d'éviter une décomposition trop rapide.

CULTURE DES PLANTES

Qu'est-ce qu'une plante ?

C'est un être fixé au sol, vivant, se développant sans changer de place.

Quelles sont les diverses parties d'une plante ?

Ce sont : la racine, la tige, les branches, les feuilles, les fleurs et les fruits.

A quoi servent les racines ?

Ce sont elles qui fixent les plantes en s'enfonçant dans le sol, souvent même dans le sous-sol, et elles favorisent leur développement en absorbant par leur spongioles les matières nutritives dissoutes par l'eau de pluie ou les irrigations.

Les racines s'enfoncent-t-elles dans le sol toutes de la même manière ?

Non, les unes s'enfoncent verticalement, et sont dites pivotantes, telles que les carottes, les betteraves, etc., d'autres s'étendent plus ou moins horizontalement et sont traçantes comme chez les céréales. D'autres sont bulbeuses ou tuberculeuses parce qu'elles présentent des renflements aux racines ; ce sont les oignons, les pommes de terre.

A quoi servent les parties extérieures des plantes ?

Elles servent encore à leur alimentation en aspirant les gaz contenus dans l'air ; c'est d'elles qu'on retire les fourrages, les graines et les fruits.

Comment divise-t-on les plantes ?

En annuelles, bisannuelles ou vivaces, suivant la durée de leur existence.

Comment se divise la culture des plantes ?

Elle se divise en céréales, plantes sarclées, légumineuses fourragères, prairies naturelles, plantes industrielles et cultures arbustives.

Céréales

Quelles sont les plantes appelées céréales ?

Les céréales sont le blé, le seigle, l'orge, l'avoine et le

maïs. Ces plantes produisent du grain pour la nourriture de l'homme et des animaux.

Qu'elle est la plus importante des céréales ?

Le blé est la plus importante de toutes les céréales; il y en a une foule de variétés : blés tendres, blés durs, blés barbus, blés sans barbe, etc.

Qu'elle est la terre que préfère le blé ?

Le blé aime une terre argilo-calcaire profonde.

Comment cultive-t-on le blé ?

Le blé exige au moins deux labours ; un en été, l'autre fin septembre, sans compter le labour de semaille qui se fait souvent à la herse quand la terre est bien meuble ou à la petite charrue ou même à l'araire provençal dans les terrains pierreux ou imparfaitement ameublis.

Comment se sème le blé ?

Le blé se sème généralement à la volée. La semaille en ligne serait préférable, elle économise la semence et facilite les sarclages.

A quelle époque doit-on semer le blé ?

L'époque des semailles ne peut être fixée, elle varie avec le climat. En Provence les meilleures semailles se font du 15 octobre au 15 novembre.

Après quelles plantes doit-on semer le blé ?

On doit semer le blé après une récolte sarclée, une plante fourragère, ou après une jachère, afin que le sol soit bien purgé des mauvaises herbes.

Pourquoi ne doit-on pas semer deux céréales de suite ?

C'est afin de ne pas favoriser la multiplication des plantes nuisibles dont on débarrasse difficilement les céréales, et ne pas épuiser le sol.

Combien sème-t-on de blé par hectare ?

On en sème environ deux hectolitres par hectare.

Quels soins exige le blé pendant sa végétation ?

Le blé doit être hersé ou roulé en printemps, suivant la nature du sol, puis sarclé s'il en a besoin.

Comment se fait la moisson ?

La moisson se fait, suivant les circonstances, à la faucille, à la faux ou à la moissonneuse.

Comment se fait le battage ?

Le battage se fait aux pieds des animaux, avec le rouleau, le fléau ou des machines.

Quel est le rendement moyen par hectare ?

Le rendement moyen est de 20 hectolitres par hectare, dans les bonnes terres. L'hectolitre pèse environ de 78 à 80 kil.

Quel est le terrain que préfère le seigle ?

Les terrains sablonneux sont ceux qui lui conviennent le mieux.

Quand sème-t-on le seigle ?

On sème le seigle environ vingt jours avant le blé ; les semailles tardives réussissent mal.

Quelle quantité de semence faut-il par hectare ?

Il faut semer environ deux hectolitres et demi de seigle par hectare.

Comment se cultive le seigle ?

Le seigle se cultive à peu près comme le blé ; il exige les mêmes façons, et se place comme lui après une culture sarclée ou un fourrage. La moisson et le battage se font de la même manière ; il se contenterait de moins d'engrais que le blé.

Quel est le rendement par hectare et le poids de l'hectolitre ?

Le rendement varie beaucoup ; il est bon quand il atteint 20 hectolitres. Le poids de l'hectolitre est de 70 à 75 kil.

Quel sol convient à l'orge ?

L'orge aime une terre légère, meuble, fraîche et bien fumée.

Quand sème-t-on l'orge en Provence ?

L'orge se sème ici dans le courant de février ; on peut aussi la semer en automne.

Combien faut-il de semence par hectare ?

Il en faut de 2 hectolitres 1/2 à 5 par hectare.

Comment se cultive l'orge ?

On cultive l'orge à peu près comme le blé.

Quel est le rendement et le poids de l'orge ?

Le rendement peut s'élever jusqu'à 50 hectolitres par hectare. L'hectolitre pèse de 60 à 62 kil.

Quelle est la terre que préfère l'avoine ?

L'avoine est la moins délicate des céréales. Elle aime les terres un peu argileuses.

Quelles sont les deux principales variétés ?

Les deux principales variétés sont celle d'automne et celle de printemps. En Provence on cultive spécialement l'avoine d'automne ; elle est plus productive et plus lourde ; on la sème un peu avant le blé.

Quelle est la quantité de semence ?

On sème environ 2 hectolitres 1/2 par hectare.

Comment se cultive l'avoine ?

On cultive l'avoine comme le blé.

Quel est le rendement et le poids de l'hectolitre ?

Le rendement varie beaucoup, mais il peut s'élever jusqu'à 40 et même 50 hectolitres. Le poids de l'hectolitre est en moyenne de 45 kilog.

Quel sol convient au maïs ?

Le maïs s'accommode des terres de toute nature pourvu qu'elles soient bien fumées, bien ameublies et tenues fraîches.

Comment se sème le maïs ?

On sème le maïs en lignes parallèles distantes de 60 centimètres.

Quand doit-on semer le maïs ?

On peut le semer dès que les gelées ne sont plus à craindre.

Quelle quantité de semence par hectare ?

Il faut environ 25 litres par hectare.

Quels soins demande le maïs pendant sa végétation ?

Dans le Midi le maïs exige des binages, un buttage et plusieurs arrosages. Quoique classé parmi les céréales, on peut le considérer comme une plante sarclée.

Quel est le rendement en grain du maïs ?

Le maïs, dans le Midi, donne en moyenne de 25 à 50 hectolitres par hectare, pesant environ 75 kilog.

Plantes sarclées

Qu'appelle-t-on plantes sarclées ?

On donne le nom de plantes sarclées à celles qui sont cultivées en lignes et reçoivent pendant leur végétation des sarclages et des binages.

2

Quels sont les principaux avantages des plantes sarclées ?

Ces plantes ameublissent le sol, le nettoient, répartissent avantageusement les travaux et donnent beaucoup d'aliments pour le bétail.

Quelles sont les deux principales cultures sarclées du Midi ?

Les pommes de terre et les betteraves sont les deux plus importantes.

Quelles sont les terres qui conviennent le mieux aux pommes de terre ?

Les pommes de terre préfèrent les terres légères, mais elles prospèrent dans toutes lorsqu'elles sont défoncées, bien ameublies, fortement fumées et arrosées.

Comment prépare-t-on le sol pour la pomme de terre ?

La préparation du sol consiste en un fort labour ou en un défoncement avec lequel on enfouit le fumier ; on herse ensuite.

Comment plante-t-on les pommes de terre ?

Cn peut les planter à la charrue, à l'araire, au buttoir, à la houe et à la bêche.

A quelle distance sont les lignes et les tubercules ?

La distance entre les lignes est de 60 à 65 centimètres, et les tubercules de 40 à 50 les uns des autres.

Quelle est la meilleure profondeur pour l'enfouissage des tubercules ?

La meilleure profondeur est de 15 à 20 centimètres.

Combien faut-il de kilog. de tubercules pour planter un hectare ?

Il faut de 12 à 1,500 kilog. de tubercules par hectare.

Quelles façons exigent les pommes de terre pendant leur végétation ?

Les pommes de terre, pendant leur végétation exigent des binages répétés et dans le Midi un buttage qui facilite la distribution de l'eau.

Comment se fait l'arrachage ?

L'arrachage se fait à la charrue ou à la bêche.

Quel est le rendement par hectare ?

Le rendement varie beaucoup, mais il est en moyenne de 15 à 20,000 kilog. par hectare dans le Midi.

Quels sont les terrains qui conviennent à la betterave ?

Cette plante s'accommode de presque tous les terrains pourvu qu'ils soient bien meubles et fortement fumés ; cependant elle réussit peu dans les terres trop argileuses.

Quelle est la préparation du sol pour la betterave ?

Elle est la même que pour la pomme de terre.

Vaut-il mieux semer les betteraves ou les repiquer ?

Dans les terres fraîches et les climats humides le semis doit être préféré, mais dans les sols secs et les climats chauds le repiquage est plus avantageux.

A quelle distance doit-on placer les betteraves ?

On doit espacer les lignes de 55 à 60 centimètres et les plants de 30 à 40.

Quelles façons culturales exigent les betteraves ?

Les mêmes que les pommes de terre.

Quel est le rendement d'un hectare ?

Il varie de 30 à 80,000 kilog. Dans le Midi la moyenne est de 40,000 kilog. par hectare.

Légumineuses fourragères

Quelles sont les principales légumineuses cultivées comme fourrages ?

Ce sont : la luzerne, le trèfle et le sainfoin.

Quel est l'avantage de ces plantes ?

Le grand avantage de ces plantes c'est qu'elles améliorent le sol tout en donnant beaucoup de bons fourrages.

Quel sol demande la luzerne ?

Elle veut un sol riche, profond et perméable.

Comment se cultive la luzerne ?

On la sème seule dans une terre bien préparée ou dans une céréale vers le mois de mars ou avril par un temps humide.

Quelle quantité de semence faut-il par hectare ?

Il faut de 18 à 20 kilog. de graine par hectare.

Comment s'enterre la semence ?

On enterre la luzerne en passant sur le champ une planche ou mieux une herse à dents très-courtes.

Quels soins réclame la luzerne pendant sa durée ?

On doit la sarcler quand elle est jeune et la fumer si on veut la faire durer longtemps, et donner beaucoup de fourrage ; puis la labourer superficiellement tous les printemps dès qu'elle commence à vieillir, et l'arroser quand elle en a besoin.

Quelle est la durée moyenne d'une luzernière ?

Une bonne luzernière peut durer 10 à 12 ans, la durée moyenne est de 5 à 6 ans.

Quand la luzerne est-elle en plein rapport ?

C'est à la deuxième année.

Combien une bonne luzernière donne-t-elle de coupes ?

Une bonne luzernière donne 5 coupes dans les pays chauds et 3 ailleurs.

Quel est le rendement moyen par hectare ?

En moyenne, l'hectare d'une bonne luzerne donne 12,000 kilog. de fourrage sec.

Quelle terre le trèfle préfère-t-il ?

Le trèfle aime une terre riche un peu argileuse, mais il réussit dans presque tous les bons terrains.

Quand et comment sème-t-on le trèfle ?

Le trèfle se sème en printemps, à la volée, dans une céréale et s'enterre comme la luzerne.

Dans quelle céréale doit-on semer le trèfle ?

On doit semer le trèfle dans la céréale qui suit la culture sarclée. Il en est de même pour la luzerne.

Combien faut-il de graine par hectare ?

Il faut environ 20 kilog. de graine par hectare.

Combien le trèfle donne-t-il de coupes par an ?

Le trèfle donne généralement trois coupes.

Que rapporte un hectare ?

Un bon trèfle donne de 8 à 10,000 kilog. par hectare.

Quelle est la durée du trèfle ?

Le trèfle ne dure guère que deux ans.

Quelle coupe réserve-t-on pour la graine ?

C'est généralement la seconde et quelquefois la troisième.

Quel sol exige le sainfoin ?

Le sainfoin demande toujours un sol calcaire, c'est sa principale exigence.

Où sème-t-on le sainfoin ?

Le sainfoin se sème dans une céréale en automne ou en printemps et s'enterre comme la luzerne et le trèfle.

Combien faut-il de graine par hec'are ?

En moyenne il faut 3 hectolitres 1/2 de semence.

Quelle est sa place dans l'assolement ?

Dans l'assolement le sainfoin doit se semer dans les céréales qui suivent les plantes sarclées.

Combien faut-il de temps entre un sainfoin et un autre sur une même terre ?

Il faut en moyenne 5 ou 6 ans.

Quelle est la durée du sainfoin ?

Le sainfoin n'occupe la terre qu'un an dans le Midi et 2 ans ailleurs.

Combien donne-t-il de coupes ?

Il ne donne ordinairement qu'une bonne coupe et un pâturage dans le Midi et deux coupes dans les contrées plus fraîches.

Quel est le rendement par hectare ?

Le rendement varie beaucoup mais il est en moyenne de 4 à 5,000 kilog. par hectare.

Quelle culture fait-on après la luzerne, le trèfle et le sainfoin ?

Après ces trois légumineuses on cultive généralement du blé d'automne.

Outre les trois légumineuses dont il vient d'être parlé, quelles autres cultive-t-on encore comme fourrages ?

On cultive encore les vesces, les gesses et les pois.

Quelle est leur place ?

On les sème après le blé qui a succédé à la luzerne, au trèfle et au sainfoin ; on les sème à la volée et les enterre avec un petit araire à raison de deux hectolitres par hectare.

Quel est le rendement moyen ?

Le rendement des vesces et gesses est très-variable, et n'atteint guère en moyenne que 1,500 à 2,000 kilog. par hectare. On ne les coupe qu'une fois.

Prairies naturelles

Qu'est-ce qu'une prairie naturelle ?

On nomme prairie naturelle celle qui dure toujours ou un très-grand nombre d'années.

Quel terrain faut-il choisir pour faire une prairie naturelle ?

Il faut autant que possible choisir un terrain net de mauvaises herbes, frais, fertile, rapproché de la ferme et arrosable.

Que faut-il faire avant d'établir une prairie ?

Avant d'établir une prairie on doit niveler la terre, la fumer fortement, l'ameublir, la nettoyer des mauvaises herbes et la diviser en planches pour faciliter l'arrosage.

Quelle est la plante qui forme la base des prairies naturelles dans le Midi ?

Le fromental forme la base de toutes les prairies naturelles du Midi; on en sème environ 80 kilog. par hectare auxquels on ajoute quelques kilog. de trèfle.

Pourquoi ajoute-t-on du trèfle ?

On ajoute du trèfle au fromental pour améliorer le foin, en augmenter la quantité et garnir la prairie jusqu'à ce que le fromental ait convenablement tallé.

Comment se font les semailles d'une prairie naturelle ?

On sème les graines à la volée en printemps et on les recouvre avec une herse légère à dents de bois et quelquefois en traînant simplement un paquet de buissons sur sur le sol.

Les prairies exigent-elles des soins ?

Oui, elles demandent des sarclages, l'épandage des taupinières, des épierrages, mais surtout des irrigations et une bonne fumure tous les ans.

Quel est le fumier employé généralement à la fumure des prés et à quelle dose ?

On fume généralement les prairies naturelles avec le terreau des bergeries à raison de 40 mètres cubes par hectare.

Quand doit-on faucher un pré ?

On doit faucher quand la plupart des plantes sont en pleine fleur.

Que rapporte une bonne prairie naturelle par hectare ?

Les trois coupes d'une bonne prairie rapportent de 10 à 12,000 kilog. de foin par hectare.

Plantes industrielles

Que désigne-t-on sous le nom de plantes industrielles ?

On désigne ainsi celles qui, en général, ne servant ni à la consommation de l'homme ni à celle du bétail, sont livrées au commerce.

Quelles sont les plantes industrielles cultivées dans le Midi ?

Dans le Midi on ne cultive guère, comme plantes industrielles, que la garance, le cardère ou chardon et le chanvre.

Quelle est la condition essentielle de culture des plantes industrielles ?

Ces cultures ne laissant aucun engrais à la ferme, il est essentiel, pour ne pas épuiser le sol, de les fumer avec des engrais achetés.

Quelles sont les terres favorables à la culture de la garance ?

La garance aime un sol calcaire, profond et perméable aux racines.

Comment cultive-t-on la garance ?

La terre étant bien fumée, défoncée et hersée, on sème les graines au printemps à raies et à la main, à raison de 150 kilog. à l'hectare, et on recouvre à la houe d'une couche peu épaisse.

Quels soins donne-t-on à la garance ?

On la sarcle plusieurs fois et à l'automne on la butte.

Quand la récolte-t-on ?

La garance se récolte à 18 ou à 50 mois, on arrache les racines à la bêche ou à la charrue, on les fait sécher sur place et on les vend.

Quel est le produit par hectare ?

Il varie de 2,000 à 8,000 kilog. suivant la bonté du sol et la durée de la plante.

Quels sont les sols propres au cardère ?

Les chardons aiment les sols frais, tels que les alluvions du Rhône ou de la Durance.

Comment cultive-t-on les chardons ?

On les cultive de deux manières, par semis à l'automne dans une céréale à raison de 10 litres à l'hectare, ou par repiquage après avoir élevé les plants en pépinière.

Quels soins réclament les cardères ?

On doit les biner et les arroser pendant l'été ; quand ils montent en fleur, la deuxième année, il faut les châtrer, c'est-à-dire couper les premières têtes ou capitules pour les avoir en plus grand nombre et plus petites.

Quand récolte-t-on les cardères ?

On coupe les têtes en automne quand elles ont pris une couleur rousse et on les fait sécher.

Quel est le produit moyen à l'hectare ?

Il est de 800 à 1,000 kilog.

Quel est le sol le plus favorable au chanvre ?

Cette plante aime les sols légers, très-riches en fumier et irrigués.

Comment cultive-t-on le chanvre ?

Le chanvre se sème au printemps à la volée, à raison de 6 à 10 hectolitres par hectare, suivant la qualité que l'on veut obtenir ; on le recouvre peu, on sarcle et arrose souvent. Dès que les tiges sont mûres, on les arrache et on les fait rouir.

Quel est le rendement du chanvre ?

Le rendement moyen en filasse est de 800 à 1,000 kilog. par hectare.

La menthe cultivée à Paillerols n'est-elle pas une plante industrielle ?

Oui, mais sa culture est très-peu répandue.

Quels sont les terrains que préfère la menthe ?

Ce sont les terrains légers, bien fumés et tenus frais par de fréquentes irrigations.

Comment cultive-t-on la menthe ?

On éclate les racines que l'on couche dans un sillon peu recouvert, on la bine plusieurs fois, on l'arrose souvent et au mois d'août, quand elle est en fleur, on la fauche et on la distille.

Quel est le produit moyen de la menthe ?

La menthe donne 10 à 15,000 kilog. de fourrage vert, qui, distillé, produit de 20 à 30 kilog. d'essence dont le prix moyen est de 80 fr. le kilog.

Cultures arbustives

Quels sont les principaux arbres ou arbustes cultivés dans le Midi ?

Ce sont l'olivier, l'amandier, le mûrier et la vigne,

Quelles sont les variétés les plus cultivées ?

Ce sont les amandes fines ou princesses, demi-fines ou à la dame, enfin celles à coque dure.

Quels sont les terrains les plus favorables au mûrier ?

Le mûrier est peu difficile, il préfère pourtant les sols profonds où ses racines peuvent s'enfoncer rapidement.

Comment propage-t-on le mûrier ?

Ordinairement par plançons que l'on achète ou que l'on prépare en pépinière à l'aide de plants d'un an appelés pourrettes.

Où se procure-t-on les pourrettes ?

On se les procure chez des jardiniers spéciaux ; les graines de mûrier étant d'une levée difficile.

Quels soins donne-t-on à la pépinière ?

On la tient propre par de fréquents binages, on élague les plançons et on les greffe pour n'avoir pas de la feuille sauvage. Les plançons sont enlevés à trois ou quatre ans. dès qu'ils sont suffisamment développés.

Quel est le produit du mûrier ?

Le mûrier se cultive pour en ramasser la feuille et la donner en nourriture aux vers à soie.

Quels sont les terrains qui conviennent le mieux à la vigne ?

La vigne est un végétal très-rustique qui s'accommode de presque tous les sols ; dans ceux qui sont profonds, calcaires et bien exposés ses produits sont plus abondants et meilleurs.

Comment propage-t-on la vigne ?

Par crossettes ou sarments.

Comment plante-t-on les crossettes ?

On doit les planter soit en quinconce à 1 mètre 50 de côté, soit en lignes distantes de 2 mètres et les plants à 1 mètre l'un de l'autre.

2*

Le terrain doit être préalablement bien fumé et défoncé. On y enfouit les crossettes soit à la bêche, en les recourbant au fond d'une petite fosse, soit à l'aide d'un pal.

Quels soins réclame la vigne ?

Pour bien entretenir une vigne il faut la tailler pendant l'hiver, la fumer et tenir le sol propre par plusieurs labours.

Comment taille-t-on la vigne ?

Suivant sa vigueur on la fait venir sur deux ou trois branches et même plus, on ravale tous les sarments et à chaque branche on laisse sur le bas du sarment coupé un ou deux yeux.

A quelle époque fait-on la vendange ?

Elle varie suivant la chaleur de l'été, quand le moût a 10° on doit cueillir les raisins. Plus tôt le vin est vert, plus tard il reste doux.

Quand le moût dépasse 10° peut-on empêcher le vin d'être doux ?

On le peut en ajoutant 5 p. 0/0 d'eau pour chaque degré en sus de 10°.

N'est-on pas exposé à gâter le vin en ajoutant de l'eau à la vendange trop chargée de sucre ?

Au lieu de le gâter, l'eau améliore le vin en transformant l'excédant du sucre en alcool.

Quel est le produit d'une vigne par hectare ?

Dans les coteaux du Midi on ne récolte que 20 à 25 hectolitres par hectare, tandis que dans les terres riches du Languedoc on obtient jusqu'à 500 hectolitres.

Quels sont chez nous les ennemis de la vigne ?

Diverses chenilles, l'oïdium et le phylloxera.

Comment se débarrasse-t-on de l'oïdium ?

On s'en débarrasse par plusieurs souffrages qui doivent commencer au moment de la floraison.

Qu'est-ce que le phylloxera ?

C'est un insecte qui ronge les racines et fait mourir la vigne.

Peut-on détruire le phylloxera ?

De tous les moyens employés aucun n'a réussi, excepté une inondation de quarante jours au moins faite en automne ou en hiver.

De la greffe

Qu'est-ce que la greffe ?

La greffe consiste à implanter un arbre sur un autre, à l'aide d'un bourgeon.

Combien y a-t-il d'espèces de greffes ?

Il y en a 5 principales : la greffe en *écusson*, en *fente*, en *couronne*, en *anneau* et par *approche*.

A quelle époque doit-on greffer ?

A la sève montante au printemps ou à la sève descendante en automne. On les appelle alors à œil poussant ou à œil dormant.

Comment s'opère la greffe à écusson ?

On détache un œil sur un jeune rameau en donnant à la peau qui l'entoure la forme d'un écusson ou triangle renversé ; sur l'arbre à greffer on fait ensuite une incision en forme de T, on en soulève la peau avec le greffoir, on introduit l'écusson, on serre le tout avec un lien de fil ou de laine. Quand l'œil commence à pousser on délie les liens et l'on coupe la branche au dessus de la greffe pour que celle-ci en fasse une nouvelle.

Comment se pratique la greffe en fente ?

On coupe la branche que l'on veut greffer, on la fend avec un coin ou un couteau, et on introduit dans la fente un greffon coupé en biseau, de manière que l'écorce de ce dernier coïncide avec celle de la branche coupée, puis on recouvre le tout avec de la terre glaise, de la bouse de vache mêlée d'argile, ou de la cire à greffer.

Qu'appelle-t-on greffon ?

On appelle greffon ou scion une jeune pousse portant plusieurs yeux, que l'on détache de l'arbre que l'on veut multiplier.

Comment se pratique la greffe en couronne ?

Après avoir coupé la branche que l'on veut greffer, au lieu de la fendre on soulève l'écorce et on introduit entre l'écorce et le bois un greffon taillé en coin.

Comment greffe-t-on en anneau ?

On enlève un anneau d'écorce portant un ou deux yeux sur le greffon, et un anneau pareil sur la branche à greffer, et on remplace ce dernier par le premier.

Qu'est-ce que la greffe par approche ?

On pourrait l'appeler la greffe naturelle ; quand deux branches d'arbre, en se touchant, se collent l'une à l'autre, c'est une greffe par approche, on ne la pratique pas différemment ; pour la rendre plus facile on enlève un peu de peau à l'endroit où les branches sont en contact, et on les serre l'une contre l'autre avec un lien ; quand la reprise est opérée, il n'y a plus qu'à séparer la branche qui doit servir de greffe.

Assolements.

Qu'entend-on par assolement ?

L'assolement d'une terre est sa division en plusieurs parties égales appelées soles.

Pourquoi assole-t-on une terre ?

Pour en varier les produits sans l'épuiser.

Pourquoi les soles doivent-elles être à peu près égales ?

Afin que la production de chaque année ne subisse pas de trop grande différence.

Sur quel principe doit se baser un bon assolement ?

Dans un bon assolement on doit alterner les cultures épuisantes et salissantes, avec celles qui nettoient et améliorent.

Quelles sont les cultures épuisantes et salissantes ?

Ce sont surtout les céréales et les plantes industrielles.

Pourquoi appelle-t-on les céréales plantes salissantes ?

Parce qu'on ne peut les biner à moins qu'elles ne soient semées en lignes.

Quelles sont les plantes dites améliorantes et nettoyantes ?

Ce sont les fourrages légumineux et les plantes sarclées.

Quel était l'ancien assolement du midi ?

Cet assolement, appelé biennal, était *blé* et *jachère*.

Qu'appelle-t-on jachère ?

C'est la terre qui, laissée sans culture, produit de mauvaises herbes.

Pourquoi a-t-on supprimé la jachère ?

Pour remplacer les plantes improductives par d'autres qui améliorent la terre et donnent des produits.

Quel est l'assolement de Paillerols ?

Il est divisé en six soles qui sont : 1° culture sarclée fumée avec fumier d'étable ; 2° blé ; 3° sainfoin ou trèfle ; 4° blé fumé au tourteau ; 5° vesces ou gesses pour fourrage ; 6° blé fumé au tourteau.

Pourquoi met-on le fumier d'étable à la culture sarclée ?

Parce qu'il contient souvent de mauvaises graines que l'on détruit par les binages de la culture sarclée.

Pourquoi ne met-on pas la luzerne dans la rotation ?

On met ordinairement la luzerne en dehors de la rota-

tion parce qu'étant d'une longue durée elle dérangerait l'assolement.

Qu'appelez-vous rotation ?

On appelle ainsi le temps parcouru pour revenir au commencement de l'assolément.

En résumé que doit-on chercher en établissant un assolement ?

C'est d'obtenir d'une terre le plus de produit possible tout en l'améliorant.

Jardin de la ferme.

Pourquoi la ferme doit-elle avoir un jardin ?

C'est pour obtenir les légumes et fruits qui lui sont nécessaires et qu'elle ne peut cultiver en plein champ.

Quel emplacement doit-on choisir pour le jardin de la ferme ?

Il faut choisir un carré de bonne terre à proximité de l'habitation et pouvant s'arroser facilement.

Pourquoi le jardin doit-il être à proximité de l'habitation ?

Il doit être rapproché de la ferme afin de pouvoir le cultiver, transporter le fumier et y prendre chaque jour les légumes nécessaires, sans perdre trop de temps.

Comment doit-on cultiver le jardin ?

On doit diviser la culture en planches égales séparées par des rigoles pour la distribution des eaux d'arrosage.

Y a-t-il quelque règle à suivre dans l'assolement ou rotation des plantes potagères ?

Les plantes potagères étant toutes épuisantes, il suffit de ne pas cultiver la même deux fois de suite.

Faut-il souvent fumer le jardin ?

Les productions d'un jardin se succèdant presque sans interruption, chaque planche doit être fortement fumée avant d'être ensemencée.

Quels sont les meilleurs fumiers pour un jardin ?

Ce sont les fumiers chauds et bien décomposés afin que les plantes se développent rapidement.

Quels sont les soins que l'on donne aux plantes potagères ?

Ces plantes réclament des sarclages et binages, ainsi que de fréquentes irrigations.

Quelle est la place des arbres fruitiers dans le jardin de la ferme ?

Quand on ne peut pas avoir un fruitier séparé, il faut planter le long des chemins et à l'entour du jardin des arbres à tiges basses pour ne pas faire ombre aux légumes.

Quels soins réclament les arbres fruitiers ?

Les arbres fruitiers doivent être bêchés au pied, élagués et taillés suivant leurs besoins.

Quels sont les arbres fruitiers que l'on cultive ordinairement ?

Ce sont les poiriers, pommiers, abricotiers, pêchers et pruniers.

Quels sont les principaux légumes cultivés pour une ferme ?

Ce sont les haricots, les pois, les salades, les épinards, les oignons, l'ail, les poireaux, les choux, les raves, les pommes d'amour, aubergines et poivrons, les carottes, les blettes ou poirées, les radis, les courges et les melons.

Quelle est la culture des haricots ?

On les sème à raies pendant tout l'été à partir du mois d'avril. Il craignent la gelée, et produisent deux mois et

demis après avoir été semés. Il y a des haricots nains et d'autres que l'on rame.

Comment cultive-t-on les pois ?

Les pois précoces se sèment vers le 15 novembre, parfois ils sont gelés ; on les sème au printemps ainsi que les pois ordinaires, on peut même en semer pendant l'été pour les manger à l'automne.

Quelles sont les principales espèces de salades et quelle est leur culture ?

On cultive ordinairement la laitue ronde, la romaine et la chicorée.

La laitue ronde se sème en août en planche ou vaseau, se repique en septembre et se mange tout l'hiver.

Les romaines se sèment de mars en mai, se repiquent aussitôt quelles ont de 6 à 10 centimètres de hauteur, et se mangent tout l'été.

Les chicorées se sèment de mai en août, se repiquent à partir de la fin juin, se consomment à la fin de l'été et pendant l'hiver. On les attache pour les faire blanchir.

Comment cultive-t-on les épinards ?

Les épinards se sèment à la volée ou en raies vers la mi-août et sont bons quand ils ont ressenti les premiers froids, on en cueille tout l'hiver. On en sème aussi en février et mars, mais dès que les chaleurs arrivent ils sont forts en goût et montent à fleur.

Comment cultive-t-on les oignons ?

Les oignons blancs de printemps se sèment à la mi-août en vaseaux bien exposés et fumés et on repique les plants en novembre avant les froids, ou après en février et mars ; ils sont bons à manger en vert dès le mois de mai, au mois d'août ils sont mûrs et on les arrache pour les consommer jusqu'en automne.

Les oignons d'automne se sèment en février et se

repiquent en juin, on commence à les manger en vert fin août et septembre, ils remplacent ceux de printemps, on les arrache en octobre et on les conserve pour l'hiver.

Quelle est la culture de l'ail ?

L'ail se reproduit par ses gousses que l'on plante à raies dans le courant de novembre, sur une terre bien assainie et fumée, on le mange en vert en printemps, les têtes sont mûres et s'arrachent en juin.

Comment cultive-t-on les poireaux ?

Les poireaux se sèment en mars et se repiquent en août ; dès l'arrivée des froids on les arrache ; on les recouvre de terre pour les conserver et les blanchir, on les consomme tout l'hiver.

Quelle est la culture des choux ?

On cultive dans les fermes trois espèces de choux.

Le choux printannier se sème en septembre, se repique en novembre et se consomme en mai et juin.

Les choux d'été ou cabus se sèment en mars et se repiquent en avril ; souvent on les sème fin octobre, ils passent l'hiver et on les repique en mars et avril, ils sont bons à cueillir en juillet et août jusqu'à la fin de l'été.

Les choux d'hiver se sèment fin juin et juillet, se repiquent en septembre, sont bons à manger en novembre et pendant tout l'hiver.

Comment cultive-t-on les raves ?

On les sème en lignes ou à la volée en août, et on les récolte dès l'arrivée de l'hiver, elles peuvent rester en terre et craignent peu le froid.

Comment cultive-t-on les pommes d'amour, les aubergines et poivrons ?

Ces légumes, tous de la même famille que la pomme de terre (solanées) se sèment en février en vaseaux à un abri, ou sous une bâche vitrée, la terre doit être légère, bien fumée et tenue fraîche, les plants lèvent facilement ; dès que les gelées ne sont plus à craindre on les met en place. On cueille ces légumes vers la fin de juin et tout l'été.

Comment cultive-t-on les carottes ?

Les carottes se sèment à la volée ou en lignes en mars et avril, la semence doit être très-peu recouverte ; dès le mois de juin on peut en arracher, elles durent tout l'hiver.

Comment cultive-t-on les blettes ou poirées ?

On les sème en lignes en février ; en mai les feuilles peuvent se cueillir ; les blettes sont bisannuelles et remplacent les épinards pendant tout l'été, elles sont bonnes jusqu'en mai de l'année suivante, époque où elles montent en graine.

A quelle époque sème-t-on les radis ?

On les sème à partir de février et pendant tout l'été, on les place ordinairement au bord des planches.

Comment cultive-t-on la courge ?

On la cultive de la même manière et la sème aux mêmes époques que les melons. Il faut autant que psssible les placer hors du jardin, leur rapprochement des melons nuit à ces derniers par le mélange du pollen des fleurs, c'est ce qu'on appelle hybridation.

Comment cultive-ton les melons en Provence ?

Dans une des planches du jardin ou ailleurs, on creuse une fosse d'un mètre au carré, on la remplit de fumier décomposé que l'on mélange avec un peu de terre, on couvre le tout de terreau dans lequel on place en mars ou avril quelques graines. Quand les plants ont bien levé on les éclaircit, n'en laissant qu'un ou deux par fosse. A l'apparition des premières fleurs on châtre et raccourcit les tiges les plus longues. Les fruits commencent à mûrir dans le mois d'août. La variété d'hiver, plus tardive, se conserve jusqu'à Noël.

ZOOTECHNIE
ou Économie du bétail.

Que désigne-t-on sous le nom de zootechnie ou économie du bétail ?

On désigne ainsi la connaissance de l'organisation des animaux domestiques, et les moyens d'en tirer le meilleur profit.

Comment classe-t-on le bétail ?

En gros bétail, comprenant les chevaux, bœufs, mulets et ânes ; et petit bétail : moutons, porcs, chèvres et animaux de basse-cour.

Comment peut-on diviser l'étude de l'économie du bétail ?

On peut la diviser en trois parties : 1° étude de l'extérieur, 2° de l'élève et la multiplication des animaux, 5° de l'hygiène vétérinaire.

PREMIÈRE PARTIE

Extérieur.

Que désigne-t-on sous le nom d'extérieur des animaux domestiques ?

On désigne ainsi toutes les parties apparentes qui forment l'animal.

A quoi sert la connaissance de l'extérieur ?

A apprécier la conformation bonne ou mauvaise des animaux, leur âge, leurs qualités et leurs défauts ainsi que leurs diverses aptitudes.

Comment peut-on diviser l'étude du corps d'un animal ?

En étude de la tête, du tronc et des membres.

Quelles sont les diverses parties de la tête des chevaux, mulets, etc. ?

Les diverses parties de la tête des chevaux, mulets, etc. sont : la nuque, le toupet, les oreilles, le front, les yeux, les sallères, le chanfrein, le nez, les nascaux, les lèvres, le menton, l'auge, les joues, les tempes et la bouche qui comprend les dents, les barres, la langue, le palais et le gosier.

Quelle est la plus belle tête pour un cheval ?

La plus belle tête pour un cheval est celle qui est maigre, recouverte d'une peau fine, souple, laissant apparaître la forme des os, ayant le front large, le chanfrein droit, les oreilles droites, les yeux clairs, de grosseur moyenne, les naseaux bien ouverts, la dentition régulière.

Quand dit-on qu'un cheval porte au vent, qu'il s'encapuchonne ?

On dit qu'il *porte au vent* quand il porte la tête trop horizontalement, et qu'il s'encapuchonne quand il la porte trop basse et trop rapprochée du poitrail.

Quels sont les inconvénients de ces deux positions de la tête ?

La première permet de prendre facilement le mors aux dents, et toutes les deux exposent l'animal à s'abattre.

L'âge influe-t-il sur le valeur des animaux domestiques ?

Oui, l'âge fait varier considérablement la valeur de tous les animaux mais surtout celle des bêtes de travail.

Comment connait-on l'âge des animaux ?

On le connait en examinant avec soin les dents incisives.

Quels sont les terrains les plus favorables à l'olivier ?

Quand le climat lui convient, l'olivier vient partout pourvu que la terre ne soit ni trop argileuse ni trop humide.

Comment propage-t-on l'olivier ?

On le propage ordinairement par les rejetons venus au pied des racines, quelquefois par des plants venus de semis.

A quelle époque plante-t-on les oliviers ?

Les meilleures plantations se font en automne.

Comment plante-t-on l'olivier ?

On creuse des trous de deux mètres au carré sur 75 centimètres de profondeur ; on y place la racine de l'arbre et on recouvre de manière à ce qu'il n'y ait que 25 à 30 centimètres de terre sur le collet et on tasse bien le sol tout autour.

Quels soins demande l'olivier ?

L'olivier demande à être labouré et fumé, tenu propre pendant l'été, puis taillé tous les deux ou trois ans.

Comment taille-t-on l'olivier ?

L'olivier ne donnant des fruits que sur les pousses de deux ans demande une taille assez profonde pour favoriser l'émission de nombreuses pousses, on doit en outre l'évider en dedans pour faciliter l'action du soleil, il faut enfin équilibrer la répartition de la sève dans ses diverses branches.

A quelle époque récolte-t-on les olives ?

Dans notre département la cueillette des olives a lieu vers la fin de novembre, dans les Alpes-Maritimes, où il fait plus chaud, on ne les cueille qu'en mars et avril quand le fruit est tout à fait mûr.

Quelles sont les terres propres à l'amandier ?

L'amandier préfère les terres élevées peu exposées aux

gelées blanches ; dans les sols humides et argileux il dépérit.

Comment propage-t-on l'amandier ?

L'amandier se propage par plançons venus en pépinière.

Comment fait-on une pépinière ?

On défonce un carré de terre, on le fume, et à l'automne on y enfonce à 10 centimètres de profondeur, des amandes en coque après les avoir préalablement fait tremper quelques jours dans l'eau.

Quels soins donne-t-on à la pépinière ?

Il faut la tenir propre par des binages et des sarclages, élaguer les plançons pour leur donner une tige droite, et les greffer si l'on veut des qualités particulières.

A quelle époque les plançons sont-ils bons à être mis en place ?

Au bout de trois ans on peut avoir des plançons convenables.

Comment plante-t-on les amandiers ?

On les plante en bordure ou en terre-plein de 10 à 12 mètres au carré, dans des trous creusés à l'avance. On doit peu recouvrir les racines.

Quels soins donne-t-on à l'amandier ?

On doit le bêcher au pied, le fumer quelquefois et le tailler tous les trois ans.

En quoi consiste la taille de l'amandier ?

Elle consiste à l'élaguer intérieurement, ôter les gourmands et le bois mort et à bien distribuer la sève.

A quelle époque récolte-t-on les amandes et de quelle manière ?

En septembre et octobre les écorces s'ouvrent, les amandes sont alors bonnes à cueillir. Cette opération se fait soit à la main soit en gaulant les arbres.

Comment se divisent ces dents ?

Pour les chevaux, mulets et ânes ou les divise en *pinces*, *mitoyennes* et *coins*. Pour les ruminants, elles sont divisées en pinces, premières mitoyennes, secondes mitoyennes et coins.

Quelles différence y a-t-il pour les incisives entre la mâchoire d'un cheval et celle d'un bœuf et d'un mouton ?

Le cheval a six incisives à chaque mâchoire, tandis que le bœuf et le mouton n'en ont point à la mâchoire supérieure, mais ils en ont huit à la mâchoire inférieure.

Qu'appelle-t-on dents caduques ou dents de lait ?

On appelle dents caduques ou de lait celles que les animaux ont quand ils têtent et qui tombent ensuite.

Quel nom donne-t-on aux dents qui remplacent les premières ?

On les appelle dents de remplacement, dents permanentes ou d'adulte.

A quelle époque tombent les dents de lait des chevaux, mulets et ânes ?

Ces animaux tombent ordinairement les pinces à 2 ans 1/2, les mitoyennes à 3 ans 1/2 et les coins à 4 ans 1/2.

Quand sont-elles rasées ou de niveau ?

Les pinces sont ordinairement complètement rasées à 6 ans, les mitoyennes à sept ans et les coins à 8 ans, on dit alors que les animaux ne *marquent plus*.

Après le rasement de toutes les incisives comment connait-on l'âge ?

Après le rasement on connaît l'âge principalement à la forme de la table des dents. A 9 ans les pinces inférieures s'arrondissent, à 10 ans les mitoyennes, à 11 ou 12 ans les coins. A 13 ans les pinces deviennent triangulaires, à

14 ans les mitoyennes et à 15 ans les coins. Après 15 ans la table dentaire prend une forme triangulaire d'autant plus prononcée que les animaux sont plus âgés. Après 12 ans on peut facilement se tromper d'un ou deux ans sur l'âge d'un cheval ou mulet.

Comment détermine-t-on l'âge des bêtes bovines :

La possession de deux dents d'adulte fait présumer l'âge de deux ans, celle de 4 dents d'adulte indique 3 ans, celle de 6 indique 4 ans et celle de 8 annonce 5 ans: on dit alors que la *bouche est faite*, que la mâchoire est au *rond*. Ces données ne sont qu'approximatives, mais elles suffisent pour le commerce et l'agriculture.

Les cornes peuvent-elles aider à connaître l'âge des bêtes bovines ?

Oui, en notant les cercles qui y sont marqués et comptant le plus rapproché de la pointe pour trois ans et les autres chacun pour un an ; ainsi s'il y en a 5, la bête aura 7 ans.

Comment connait-on l'âge des bêtes ovines ?

Par les dents incisives qui sont renouvelées deux à deux comme dans l'espèce bovine à partir de 18 mois environ et à 4 ans elles sont toutes remplacées.

Dans l'espèce porcine examine-t-on les dents pour connaître l'âge ?

Non, car les porcs généralement sont abattus jeunes, leur forme et leur grosseur indiquent approximativement leur âge (ce qui est suffisant).

Comment doivent être les naseaux chez le cheval et le mulet?

Ils doivent être bien ouverts, sains, sans écoulement sanguinolent et sans ulcères d'aucune sorte.

Comment s'assure-on de l'intégrité de la vue ?

On s'assure qu'un animal a les yeux sains et qu'il y voit bien en les examinant attentivement et passant rapidement la main devant chacun, s'il les ferme, il y voit ; il est borgne ou aveugle dans le cas contraire. Il est toujours très-important de bien examiner les organes de la vision, surtout pour les animaux de travail.

Quelles sont les parties principales du tronc ?

Ces parties sont l'encolure, le garrot, le dos, les reins, la croupe, les hanches, les cuisses, les organes de la reproduction, la queue, le poitrail, les côtes, le ventre et les flancs.

Comment divise-t-on les membres ?

On les divise en membres antérieurs et en membres postérieurs.

Quelles sont les parties des membres antérieurs ?

Ce sont l'épaule, le bras, l'avant-bras, le genou, le canon, le boulet, le paturon, la couronne et le pied.

Quelles sont les parties des membres postérieurs ?

Les membres postérieurs sout formés par les hanches, la croupe, la cuisse, le grasset, la fesse, la jambe et le jarret ; les autres parties ont les mêmes noms que celles des membres antérieurs.

Quelle doit être la conformation de l'épaule ?

Chez un cheval de travail elle doit être large et bien musclée, pour ceux de selle on recherche une épaule longue, oblique et sèche. Chez les chevaux communs l'épaule est ordinairement grosse, droite et courte.

Comment doit être le genou ?

Il doit être large, en forme d'olive, bien soudé, droit, sec, uni, sans tumeur ni écorchure.

Qu'appelle-on genou arqué ?

C'est celui qui n'est pas dans l'aplomb de la jambe, c'est un défaut de conformation ou la suite d'un excès de travail.

Comment doit être l'avant-bras ?

Placé entre le bras et le genou, il doit être large et bien musclé.

Qu'est-ce que le canon ?

C'est la partie qui fait suite au genou, sa longueur est toujours en raison inverse de l'avant-bras, il doit être maigre, sans tumeur ni suros.

Qu'est-ce que le boulet ?

C'est un renflement formé par l'articulation du canon avec le paturon.

Qu'appelle-t-on cheval bouleté ?

C'est celui dont le boulet s'est déformé en se portant en avant, c'est un indice d'usure chez un cheval.

Qu'est-ce que le paturon ?

C'est la partie qui va du boulet à la couronne, sa direction et sa longueur influent sur les réactions du cheval.

Qu'est-ce que la couronne ?

C'est la base du paturon qui recouvre la partie supérieure du sabot, elle doit être unie et exempte de toute espèce de suintement ou tuméfaction.

De quoi se compose le pied ou sabot du cheval ?

Le pied comprend trois parties : la muraille, la sole et la fourchette.

Qu'est-ce que la muraille ?

La muraille est la partie extérieure du sabot, et elle doit être lisse, dure et brillante, c'est dans elle que l'on fixe les clous de la ferrure.

Qu'est-ce que la sole ?

C'est la partie fixée à l'intérieur de la muraille, elle recouvre toute la surface du pied qui n'est pas occupée par la fourchette. La corne de la sole est plus blanche, plus molle, plus élastique que celle de la muraille.

Qu'est-ce que la fourchette?

C'est la troisième partie qui forme le pied du cheval, elle a la forme d'un triangle, la pointe en avant, sa corne est molle et flexible.

Qu'est-ce que la croupe d'un cheval ?

C'est la partie du corps au-dessus des hanches et des fesses.

Comment doivent être les cuisses ?

Elles doivent être compactes, arrondies et s'étendre le plus possible vers le jarret.

Qu'est-ce que le grasset ?

C'est la partie inférieure de la cuisse, il est formé par la rotule et correspond au genou chez l'homme.

Qu'est-ce que la jambe ?

La jambe correspond à l'avant-bras, c'est le premier rayon qui se détache du corps à sa partie postérieure ; elle doit être bien musclée et bien culottée.

Qu'est-ce que le jarret ?

C'est l'articulation la plus puissante et la plus solide du corps, il doit être sec, large, ayant la corde ferme et bien détachée.

Qu'elles sont les principales tares des jarrets ?

Ce sont les vessigons, la courbe, le jardon, et les solandres.

Que désigne-t-on sous le nom de vessigons ?

On appelle ainsi des mollettes qui ont leur siège à la région du jarret.

Qu'appelle-t-on courbe ?

On donne ce nom à une tumeur qui se développe à la face interne du jarret.

Qu'est-ce que le jardon ?

C'est une tumeur osseuse qui est en dehors et en arrière du jarret.

Quelle tare désigne-t-on sous le nom de solandres ?

On nomme ainsi des fentes ou crevasses qui se trouvent au pli des jarrets ; quand elles sont au genou on les appelle malandres.

Quelles sont les principales tares et maladies du boulet et du pied ?

Ce sont les mollettes, les bleimes, le crapaud et la fourbure.

DEUXIÈME PARTIE

Elève et Multiplication des Animaux

Espèce Chevaline, Mulassière et Asine

La région du Sud-Est s'occupe-t-elle de la multiplication du cheval ?

Non car elle est trop pauvre en fourrages et en pâturages.

Quelles sont les régions de la France qui élèvent le plus de chevaux ?

Les principales sont le Boulonnais, la Normandie, la Bretagne, le Perche et les environs de Tarbes.

Quel est le type des chevaux de gros trait ?

Le type de ces chevaux est le cheval Boulonnais élevé dans une partie du Nord de la France. C'est le plus massif et le plus fort de tous les chevaux français.

Quels sujets doit-on choisir pour reproducteurs ?

On doit choisir pour reproducteurs des animaux bien constitués, robustes, et autant que possible les plus parfaits de l'espèce à reproduire ?

Combien dure la gestation dans l'espèce chevaline et asine ?
Dans ces deux espèces la gestation dure environ 11 mois.

Peut-on faire travailler les juments pleines ?
Oui pourvu qu'on les ménage, qu'on les nourrisse bien et ne les maltraite pas.

Quels sont les meilleurs chevaux de trait moyen ou de voiture?
Ce sont les chevaux percherons et bretons.

Où sont principalement élevés les chevaux de trait léger ?
C'est la Normandie et les plaines de Tarbes qui en fournissent le plus.

Quelle race chevaline offre le Sud-Est ?
Le Sud-Est offre une race rustique appelée race camargue du nom de l'île du Rhône où elle vit presque à l'état sauvage.

A quel âge sèvre-t-on les poulains ?
On les sèvre vers 6 mois; à deux mois on peut commencer à leur donner des aliments tendres, faciles à digérer et en augmenter la quantité jusqu'au sevrage, après les nourrir abondamment soit à l'écurie, soit au pâturage.

A quel âge peut-on faire travailler les chevaux ?
On peut commencer à les faire travailler vers 2 ans 1/2, mais ce n'est qu'à 5 ou 6 ans qu'ils sont réellement aptes à faire de forts travaux.

Quelles sont les régions qui produisent le plus de mulets ?
Le Poitou et la Gascogne sont les deux régions qui en produisent le plus.

Que désigne-t-on sous le nom de mulet et mule ?
On désigne sous ce nom les produits de l'accouplement de la jument avec l'âne.

D'où nous viennent les plus gros mulets ?
Les très-gros mulets que l'on trouve un peu partout, surtout dans le midi, nous viennent du Poitou.

Pourquoi dans le midi préfère-t-on généralement les mulets aux chevaux ?

On préfère les mulets, dans le midi, parce qu'ils sont plus sobres, plus durs à la fatigue, moins souvent malades et qu'ils ont le pied plus sûr.

N'élève-t-on pas des mulets dans les Basses-Alpes ?

On en élève beaucoup qu'on va chercher jeunes en Poitou et quelques-uns qui naissent dans le canton de Seyne.

Pendant combien d'années peut-on obtenir de bons services d'un mulet ?

Un mulet convenablement soigné peut travailler de 2 à 20 ou même 25 ans.

Quelle quantité de fumier donnent les chevaux et mulets de travail ?

Cette quantité varie beaucoup mais la moyenne arrive à peine à 15 mètres cubes par an.

À quel service l'âne est-il plus particulièrement employé ?

L'âne est surtout utile comme bête de somme dans les pays de montagne à cause de la solidité de son pied ?

Pourquoi l'âne est-il appelé la bête du pauvre ?

C'est parce qu'il n'est pas d'un prix élevé, qu'il se nourrit de peu et se contente des aliments les plus grossiers.

Quel nom donne-t-on au produit du cheval et de l'ânesse ?
On l'appelle bardot.

En quoi le bardot diffère-il du mulet ?

Le bardot est plus petit, a les oreilles moins grandes, la crinière plus fournie, hennit comme le cheval : il est peu répandu.

Espèce Bovine

L'espèce bovine comprend-elle un grand nombre de races ?
Oui un très-grand nombre, car chaque région a une

race plus appropriée à son climat à ses besoins et à ses produits.

Comment peut-on les classer d'une manière générale ?

On peut les diviser en trois classes seulement : 1° races de travail, 2° races laitières, 5° races d'engraissement.

Quelles sont les meilleures races de travail, de lait et d'engraissement ?

Les meilleures races pour le travail sont celles de Salers et d'Aubrac ; les meilleures laitières sont la flamande, la normande et la bretonne, et les plus estimées pour l'engraissement sont la charolaise, l'agenaise, et parmi les races étrangères la durham et ses croisements.

Quelle est la meilleure conformation pour un bœuf de travail ?

Le bœuf de travail doit avoir la tête de grosseur moyenne, le poitrail bien ouvert ainsi que les hanches, le garrot, le dos, les reins et la croupe en ligne droite, les membres nerveux sans être trop forts ni trop longs, les pieds solides, la côte arrondie, le ventre ni trop gros ni pendant.

Comment attèle-t-on les bêtes à cornes ?

On les attèle deux à deux au moyen du joug commun, ou bien au collier comme les chevaux.

Quels avantages et quels inconvénients offre le joug ?

L'attelage avec le joug est moins coûteux et on est plus maître des animaux, mais il les gêne dans leurs mouvements et ne leur permet pas de marcher aussi vite qu'avec le collier.

Où se fixent les jougs ?

Au front, par les cornes ou à la nuque et au garrot pour le joug appelé sauterelle.

Quel rapport y a-t-il entre le travail des bœufs et des mulets pour les labours ?

Les bœufs font environ les 2|3 du travail des mulets.

A quels caractères reconnaît-on ordinairement les bonnes laitières ?

Les bonnes laitières ont assez généralement la tête petite, l'œil doux, la peau souple, le poil fin, les os petits, les veines mammaires grosses et ondulées s'avançant bien sous le ventre, le pis développé et souple.

Quels caractères offrent les meilleures races d'engrais?

Les races d'engrais les meilleures ont la tête petite, ainsi que tous les os, les membres minces et courts, le corps cylindrique, le garrot, le dos, les reins et la croupe en ligne droite, la cuisse bien garnie, bien descendue, la peau souple, la queue descendant bien verticalement.

A quel âge peut-on utiliser les vaches pour la reproduction ?
A 18 ou 20 mois.

A quel âge les taureaux donnent-ils les meilleurs produits?
C'est de 15 mois à 4 ans.

Quelle est la durée de la gestation dans l'espèce bovine ?

Dans cette espèce la durée moyenne de la gestation est de 9 mois; les vaches bien soignées donnent ordinai-un veau par an.

Quels sont les pâturages qui conviennent à l'espèce bovine ?

Les bœufs et les vaches ont besoin de pâturages à herbe longue et tendre attendu qu'ils n'ont pas d'incisives à la mâchoire supérieure.

Quels produits retire-t-on de l'espèce bovine ?

Cette espèce fournit : des veaux, du lait, de la viande, du fumier et du travail.

Comment utilise-t-on le lait ?

On le consomme en nature ou on le convertit en beurre et en fromage.

Combien de lait peut donner une bonne laitière en un an ?

Une vache est dite bonne laitière quand elle fournit 5,000 litres de lait par an.

Combien 100 litres de bon lait font-ils de, beurre et de fromage ?

3 kilogrammes de beurre et 4 kil. de fromage, mais ces quantités ne sont qu'approximatives et elles varient avec les races, les herbages, etc.

A quel âge engraisse-t-on les bœufs ?

Ceux de travail sont engraissés vers 6 ou 7 ans, soit dans les pâtures soit en stabulation continue, soit par un système mixte. Les bœufs qu'on ne fait pas travailler sont engraissés d'après les mêmes méthodes, mais beaucoup plus jeunes.

Comment faut-il procéder dans l'engraissement pour le choix des aliments ?

On doit toujours commencer l'engraissement par les aliments les plus grossiers et nourrir de mieux en mieux à mesure que l'engraissement approche de sa fin.

Combien faut-il de temps pour engraisser convenablement un bœuf ?

Il faut environ 5 mois pendant lesquels l'animal augmente en moyenne d'un kilo par jour et consomme de 20 à 25 kilog. de foin ou l'équivalent.

Quelle quantité de viande nette donne un bœuf à l'abattoir ?

Il donne environ 55 pour cent de viande nette et 7 ou 8 de suif. Les veaux ont en moyenne 63 pour cent de viande nette.

Que faut-il pour se livrer avec profit à l'engraissement ?

Il faut que l'engraisseur ait une grande habitude des achats et des ventes et qu'il connaisse parfaitement les qualités des bestiaux.

Quels sont les premiers signes annonçant que les bêtes bovines sont indisposées ?

Les bêtes bovines indisposées cessent de ruminer, ne

se couchent pas régulièrement, ont le bout du nez sec, sont tristes, inquiètes, ont l'extrémité des oreilles très-froides ou très-chaudes.

Quelles sont les principales maladies des bêtes à cornes ?

Les principales maladies de ces animaux sont : les indigestions ordinaires, la météorisation, la cocotte ou fièvre aphteuse, la péripneumonie.

Que faut-il faire quand on s'aperçoit qu'un animal est malade ?

Quand un animal est malade on doit le placer seul, le tenir bien chaudement et dans un local où il soit tranquille.

Que doit-on faire si le mal persiste ?

Il faut alors appeler un vétérinaire et ne pas se fier à des ignorants dépourvus de connaissances médicales.

Espèce Ovine et Caprine

Quels produits l'agriculture retire-t-elle des bêtes ovines ou bêtes à laine ?

Ces animaux donnent de la laine, des agneaux, du lait, de la viande et du fumier.

Quelle est la division des bêtes ovines sous le rapport de la laine ?

On divise les bêtes ovines en races à laine grossière, à mèches droites, et en races à laine fine, frisée, ondulée, soyeuse. Les premières comprennent toutes les races communes ; les autres les mérinos et leurs divers croisements.

Vaut-il mieux produire beaucoup de laine ou beaucoup de viande ?

La production de la viande est plus avantageuse depuis qu'on importe de grandes quantités de laine de l'Océanie et de l'Amérique.

Quelle est la durée de la gestation dans l'espèce ovine ?

Elle est de cinq mois.

Comment élève-t-on les agneaux ?

Pendant deux mois environ le lait de la mère leur suffit, on y ajoute ensuite des fourrages tendres, des racines hâchées et des ers ou autres grains, puis on les sèvre vers cinq ou six mois.

Quel fromage réputé fait-on avec le lait de brebis ?

On fait le fromage de Roquefort dans l'Aveyron.

A quel âge les brebis commencent-elles à faire des agneaux ?

Les brebis peuvent produire dès l'âge de 18 mois ; elles font quelquefois deux portées par an, mais alors il faut les très-bien nourrir toute l'année, mais il est préférable d'attendre qu'elles aient deux ans.

A quel âge le bélier peut-il être employé à la reproduction ?

On peut utiliser le bélier dès l'âge de deux ans ; il peut servir jusque vers sept ans et suffire à 25 brebis.

A quel âge peut-on obtenir de la laine ?

On peut tondre dès l'âge de 8 ou 9 mois.

Que pèse une toison de mouton ?

Ce poids varie beaucoup, mais la moyenne est de 3 à 4 kilog. en suint.

Comment nourrit-on les bêtes à laine ?

Les grands troupeaux sont nourris exclusivement au pâturage ; les autres reçoivent souvent en hiver un supplément de nourriture à la bergerie.

Quels pâturages conviennent aux bêtes à laine ?

Les pâturages fins, secs, où l'herbe est savoureuse sont les plus propres aux bêtes à laine.

Quelles maladies contractent-elles dans les terrains trop humides ?

Ces terrains engendrent la cachexie aqueuse ou pourriture.

Quelle est la maladie contractée dans les pâturages trop secs et trop échauffants ?

Cette maladie est appelée *blesquet* en provençal et sang de rate ou coup de sang en français.

Quelle est la plus dangereuse ?

C'est la dernière, car la viande des animaux atteints est impropre à la consommation.

Que faut-il faire quand un troupeau est attaqué de la pourriture ?

Lorsqu'un troupeau est atteint par la pourriture, il faut le conduire constamment dans des pâturages secs, lui donner des aliments fortifiants et toniques, et livrer au boucher tous ceux qui seraient gras ou en chair.

Qu'y a-t-il à faire pour préserver un troupeau dont un individu a péri du sang de rate ?

Il faut immédiatement le changer de bergerie et de pâturage et le soumettre à un régime débilitant.

Quelle maladie contractent les moutons en pâturant dans les trèfles et luzernes mouillés par la rosée ?

Cette maladie s'appelle gonflement, empansement ou météorisation.

À quel signe la reconnaît-on ?

Au gonflement de la panse.

Que faut-il faire pour la guérir ?

Jeter de l'eau froide sur le dos de l'animal, le faire courir avec un objet qui lui tienne la bouche ouverte et lui faire avaler de l'huile d'olive ou de l'alcali étendu d'eau et à toute extrémité faire la ponction.

Faut-il faire paître les bêtes à laine avec les grandes chaleurs ?

Non, il faut alors ne les sortir que la nuit.

Qu'est-ce que le parcage ?

Le parcage consiste à faire dormir les troupeaux dans les champs dans des enceintes faites avec des claies mobiles.

Pourquoi ne fait-on pas parquer dans le Midi ?

On ne parque pas dans le Midi parce que les animaux doivent manger la nuit à cause des fortes chaleurs.

A quelle époque se fait l'engraissement des bêtes à laine ?

On engraisse en tout temps au pâturage, mais l'engraissement à la bergerie n'a lieu généralement qu'en hiver et dure environ quatre mois.

Quel est le rendement en viande nette ?

Les moutons bien gras donnent environ 55 p. 100 de viande nette.

D'où nous viennent les races ovines les plus précoces ?

Elles nous viennent de l'Angleterre, la plus remarquable est celle de Dishley, mais elle convient peu au Midi à cause des fortes chaleurs et de la pauvreté des pâturages ?

Les chèvres doivent-elles être élevées en liberté ?

Non, dans tous les pays cultivés à cause des dégâts qu'elles occasionnent, mais oui, dans les montagnes où elles ne peuvent faire aucun mal et où leur lait sert à faire d'excellents fromages, comme dans les Monts d'Or du Lyonnais et de l'Auvergne.

La viande de chèvre est-elle estimée ?

Cette viande vaut moins que celle du mouton, mais elle est saine et salubre ; celle des chevreaux est même recherchée dans certaines localités du Midi.

Pourquoi la chèvre est-elle appelée la vache du pauvre ?

On l'appelle ainsi parce qu'elle rend aux malheureux par son lait, et à peu de frais, les mêmes services que les vaches aux riches.

Espèce Porcine.

L'espèce porcine comprend-elle un grand nombre de races ?

Oui, et on en compte en France plus de 25 qui tirent leurs noms du pays où elles sont élevées.

Quelle est l'utilité des porcs ?

Les porcs utilisent une foule de résidus perdus sans eux ; ils donnent des petits, de la viande et quantité de fumier.

Vaut-il mieux se livrer à l'élève ou à l'engraissement ?

Tout dépend des circonstances ; l'élève est plus pénible, exige plus de soins, mais il rapporte en général plus que l'engraissement.

Que dure la gestation de la truie ?

La durée moyenne est de 114 jours ou trois mois trois semaines trois jours.

A quel âge peut-on employer les truies et les verrats pour la reproduction ?

On peut commencer à les employer à la reproduction vers dix mois ou un an.

Combien une bonne portière peut-elle donner de petits ?

Elle peut en donner jusqu'à 12 ou 14, mais on ne doit jamais lui en laisser plus de 9 ou 10.

Comment doit-on nourrir les truies qui ont beaucoup de petits ?

On doit les nourrir fortement et donner aux jeunes porcelets un supplément de nourriture dès qu'ils peuvent le prendre.

Pourquoi faut-il surveiller les truies quand elles mettent bas ?

On doit les surveiller pour qu'elles ne se couchent pas sur les petits et quelquefois pour les empêcher de les manger et aussi pour les faire téter le plus tôt possible.

Quelle est la durée de l'allaitement ?

Les gorets doivent téter de deux mois et demi à trois.

Comment élève-t-on les porcs depuis le sevrage jusqu'au moment de les engraisser ?

Depuis le sevrage jusqu'à l'engraissement on nourrit les

porcs au pâturage ou avec des fourrages frais, des racines et quelques grains, on doit les tenir toujours bien en chair, afin qu'ils se développent davantage et qu'ils soient plus tôt gras.

A quel âge commence-t-on à engraisser les porcs ?

On engraisse les races précoces dès l'âge d'un an, les autres vers 18 mois et l'engraissement dure environ 4 mois.

Avec quoi engraisse-t-on les porcs ?

On engraisse ces animaux avec des racines cuites, des grains, des substances farineuses, du tourteau, des glands, etc.

Que faut-il pour que les porcs s'engraissent vite ?

Il faut les bien nourrir, être exact pour l'heure des repas, tenir les auges très-propres, leur donner une bonne litière, pas trop de jour, et ne pas les déranger dans leurs loges.

Que donnent les porcs gras à l'abattage ?

Ils donnent environ 75 p. 100 de viande nette, quelques races donnent même 80 p. 100.

Y a-t-il avantage à pousser l'engraissement au fin gras ?

Non, car dans les derniers temps la nourriture n'est plus payée par l'augmentation de poids, la viande devient trop grasse et n'est plus comme on dit *entrelardée.*

Lapins et Oiseaux de Basse-cour.

Dans quel cas l'éducation du lapin est-elle avantageuse ?

L'éducation de ce rongeur n'est avantageuse en général que faite avec grand soin, sur une petite échelle et lorsqu'on peut le nourrir avec des substances de peu de valeur ou qui seraient mal utilisées par les animaux domestiques de la ferme.

Combien une lapine peut-elle faire de portées par an ?

Ce nombre varie, mais il ne dépasse guère cinq ou six.

Quelle est la durée de la gestation ?

Une lapine porte ordinairement un mois.

A quel âge les lapins sont-ils bons pour la consommation ?

Ils sont bons à manger vers 5 ou 6 mois.

Que donne un lapin en viande nette ?

Il donne environ les 2|3 de son poids vivant.

Quels sont les principaux oiseaux de basse-cour ?

Ce sont les poules, les canards, les dindons et dans quelques pays les oies et les pintades, mais les poules occupent presque partout le premier rang.

Quelle est la poule la plus utile et la plus répandue ?

C'est la poule ordinaire qui donne de 80 à 100 œufs par an.

Qu'elles sont les meilleures races pour l'engraissement ?

Les meilleures races pour l'engraissement sont celles de la Bresse et du Mans.

Quelle est la durée de l'incubation des principaux oiseaux domestiques ?

Le pigeon couve 19 jours, la poule 21, le canard et l'oie de 28 à 30 jours, la dinde un mois.

Que faut-il pour que les oiseaux de basse-cour donnent quelque profit ?

Il faut pour cela qu'ils se nourrissent en partie dehors et que les aliments qu'on leur donne ne soient pas d'une grande valeur.

Quels sont ces aliments ?

Ce sont tous les mauvais grains provenant du nettoyage du blé, du grain un peu avarié, du son mouillé mêlé avec des pommes de terre cuites, du maïs, etc.

Vers à soie.

Qu'est-ce que les vers à soie ?

Les vers à soie sont des chenilles qui se nourrissent

avec la feuille du mûrier et font des cocons dont on obtient la soie. Les œufs des vers à soie s'appellent *graine*.

Quand faut-il faire éclore les graines des vers à soie'?

On ne peut pas préciser le moment où il faut faire éclore les graines, mais les vers à soie doivent naître au moment où les mûriers commencent à avoir de jeunes feuilles pour les nourrir, c'est ordinairement vers la fin mars que commencent les éducations en Provence, elles durent environ 40 jours.

Qu'appelle-t-on mues chez les vers à soie ?

On désigne ainsi une espéce de maladie qui se renouvelle quatre fois pendant leur existence, pendant laquelle ils cessent de manger et changent de peau.

Faut-il continuer de donner aux vers quand il y en a qui dorment ?

On doit continuer à alimenter ces vers tant qu'il n'y en a pas quelques-uns de réveillés, sans cette précaution ils cesseraient d'être égaux et ne feraient plus leurs mues en même temps. L'égalité est la première des conditions pour une bonne réussite.

A quelle température doit-on tenir les vers à soie ?

Le degré de chaleur varie avec les âges, mais elle ne doit pas être supérieure à 20 degrés Réaumur dans les premiers et pas inférieure à 14 dans les derniers. Il faut veiller aussi à l'humidité qui ne doit être ni trop forte ni trop faible.

Qu'est-ce que le délitement ?

Le délitement consiste à enlever la litière sous les vers quand elle y est en trop grande quantité ; on doit déliter au moins une fois à chaque mue et même deux fois pendant les dernières.

En quoi consiste le dédoublement ?

Le dédoublement consiste à donner aux vers tout l'espace dont ils ont besoin pour être à l'aise sur les claies.

Combien faut-il donner de repas en 24 heures ?

Dans les premiers âges on doit donner quatre repas, mais trois suffisent dans les derniers ; il faut autant que possible distribuer la feuille aux mêmes heures et éviter de la donner mouillée, surtout par la rosée, ou échauffée par le soleil, le transport, etc. On doit la couper pendant le premier et le deuxième âge, après on la donne entière.

Quelle est la meilleure feuille ?

La meilleure feuille est celle des arbres le moins fréquemment taillés, elle est plus nourissante et plus soyeuse.

Combien faut-il de feuille pour l'éducation d'une once de graine de 25 grammes ?

Les vers d'une once qui réussit consomment en moyenne 800 kilogr. de bonne feuille dont au moins 500 de la quatrième mue à la montée.

Quel est le rendement moyen d'une once bien réussie ?

Ce rendement varie de 35 à 45 kilog. de cocons.

Quelles sont les maladies les plus dangereuses pour les vers à soie ?

Ce sont la pébrine et la flacherie.

Comment se préserve-t-on de la pébrine ?

En ne conservant que les graines des papillons sains.

Quels sont les papillons sains ?

Ce sont ceux dans lesquels, à l'aide du microscope, on ne trouve pas de petits corps en forme d'œuf appelés corpuscules.

Peut-on se garantir de la flacherie ?

On n'a pu trouver encore aucun moyen de s'en garantir sûrement. Le plus souvent c'est l'excès de chaleur ou les variations de température qui l'occasionnent.

Combien 1 kilog. de cocons peut-il donner de graine ?

La graine produite par 1 kilog. de cocons varie entre 2 et 3 onces de 25 grammes.

Comment doit-on conserver la graine ?

Dans un local sec et frais et à l'abri des rats qui en sont très-friands.

TROISIÈME PARTIE

Hygiène vétérinaire

De quoi s'occupe l'hygiène vétérinaire ?

L'hygiène vétérinaire s'occupe de la conservation de la santé des animaux et de tous les moyens propres à les améliorer et à en tirer le meilleur parti.

Quelles sont les trois principales choses qui exercent le plus d'influence sur la santé et la prospérité des animaux domestiques ?

Ce sont les habitations, la nourriture et les soins.

Habitation

Quels noms donne-t-on aux habitations du bétail ?

Le logement des chevaux, mulets et ânes s'appelle *écurie*, celui des bœufs *étable* ou *bouverie*, celui des moutons *bergerie*, celui des porcs *porcherie*, celui des volailles *poulailler*, celui des vers à soie *magnanerie*.

Quelles conditions doivent réunir toutes ces habita'ions ?

Elles doivent être bien exposées, saines, spacieuses, propres et aérées.

Pourquoi bien exposées ?

Elles doivent être *bien exposées* pour pouvoir éviter les chaleurs excessives comme aussi les froids rigoureux.

Pourquoi saines ?

Parce que l'humidité et les miasmes nuisent à la santé des animaux.

Pourquoi spacieuses ?

Parce que le bétail a besoin d'être à l'aise et n'être pas gêné dans ses mouvements pour prospérer.

Pourquoi bien aérées ?

Parce que l'air fréquemment renouvelé exerce une grande influence sur la santé.

Pourquoi propres ?

Parce que sans la propreté les aliments sont pris avec dégoût et moins bien utilisés, et que la santé des animaux souffre de la malpropreté.

Quelles dimensions doivent avoir les écuries ?

Les dimensions varient évidemment avec la quantité de bétail qu'on veut y placer, mais on peut dire cependant qu'elles doivent avoir au moins 3 ou 4 mètres de haut et une surface suffisante pour que chaque cheval ou mulet ait au moins 1 m. 50 de largeur à la crèche.

Qu'appelle-t-on écuries simples, écuries doubles ?

On donne le nom d'écuries simples à celles où il y a un seul rang d'animaux ; elles doivent avoir au moins 5 mètres de largeur. Les écuries doubles ont deux rangs et doivent avoir environ 10 mètres de largeur. Pour toutes, les voûtes sont préférables aux planchers et il ne faut jamais que les fenêtres soient en face des animaux.

Comment sont établis les sols des écuries ?

Ces sols sont en terre glaise bien battue, en dalles, en béton ou en pavage fait avec des pierres ou des briques ; dans le Midi, l'argile battue forme presque toujours le sol des écuries des cultivateurs.

Qu'appelle-t-on étables ou bouveries, vacheries ?

Les étables ou bouveries sont les habitations des bœufs et des vaches.

Quelles dimensions doivent avoir les étables ?

Ces dimensions doivent être calculées d'après le nombre d'animaux, mais il faut ménager à chaque bête de 1 m. 25

à 1 m. 50 de largeur à la crèche et le logement aura au moins 4 ou 5 mètres de profondeur y compris le passage.

A quelle hauteur doivent être les planchers ou voûtes ?

Ils doivent avoir au moins 3 m. 50 de hauteur.

Pourquoi établit-on une double pente dans les grandes étables ?

On établit ces deux pentes surtout pour l'écoulement du purin.

A quelle hauteur doivent être les crèches des bouveries ?

Elles ne doivent guère être à plus de 60 centimètres au-dessus du sol.

Qu'est-ce que la stabulation continue ?

La stabulation continue consiste à nourrir le bétail constamment dans son logement et à ne le laisser sortir que pour lui faire prendre l'air ou le faire boire.

Quelles dimensions doivent avoir les bergeries ?

Ces dimensions doivent être telles que chaque mouton puisse avoir 1 mètre carré et une brebis avec son agneau 1 mètre carré 1/2.

Où doit-on construire la porcherie ?

Dans un lieu sain, exempt d'humidité, à l'abri des grands froids et des fortes chaleurs.

Faut-il beaucoup de loges dans une porcherie ?

Cela dépend du nombre d'animaux ; mais il en faut au moins une pour chaque verrat, une pour chaque mère suitée, une pour les porcs à l'engrais et une pour les adultes.

Quelles dimensions doivent avoir les loges ?

Celles des portières doivent avoir au moins 3 mètres de long sur 2 m. 50 de large, mais 4 mètres carrés environ suffisent pour un verrat ou un porc à l'engrais.

Comment aère-t-on les habitations des animaux domestiques ?

On aère généralement en ouvrant à propos les portes

et les fenêtres et quelquefois à l'aide de cheminées d'appel qui conduisent dehors l'air vicié des habitations. On ferme ces cheminées avec des coulisses en bois quand le temps est froid ; il ne faut jamais établir des courants d'air froid dans les écuries et étables quand les animaux y sont renfermés.

Que faut-il faire pour désinfecter une écurie où seraient morts des animaux ayant des maladies contagieuses ?

Il faut : 1° Enlever le sol jusqu'à 20 ou 25 centimètres de profondeur, porter ce déblai très-loin et l'enfouir ; 2° racler et récrépir les murs ; 5° racler ou raboter tous les objets fixes en bois ; 4° lessiver fortement tout ce qui peut l'être ; 5° faire rougir les objets en fer ; 6° laisser portes et fenêtres longtemps ouvertes ; 7° employer le chlore en fumigation.

Nourriture et Soins

Qu'entend-on par aliments ?

On entend par aliment toute substance qui peut contribuer à l'accroissement des êtres vivants et à la réparation des déperditions qu'ils éprouvent.

Quels sont les aliments ordinaires des animaux domestiques ?

Ces aliments sont les fourrages, les pailles, les racines et les grains, mais les fourrages sont le plus important.

Quelle condition doivent réunir les aliments ?

Ils doivent être de bonne qualité, récoltés dans de bonnes conditions, n'être pas altérés par la moisissure, la vase ou la rouille.

Quel est le fourrage qui convient le mieux à chaque espèce d'animaux ?

Le foin des prés et les sainfoins sont les meilleurs fourrages pour les chevaux et mulets ; les trèfles et luzernes sont préférables pour les bêtes à cornes ; le mouton aime le regain de préférence. Un tiers de trèfle, un tiers de luzerne, un tiers de paille font un excellent fourrage pour les animaux de travail.

Quelle est la meilleure des pailles ?

C'est la paille des petits blés des terrains secs où elle n'est ni couchée, ni vasée, ni rouillée.

Combien les animaux de travail font-ils de repas et quelle doit être leur durée ?

Les animaux qui travaillent font trois repas dont la durée doit être au moins de deux heures. Ces repas doivent autant que possible être donnés régulièrement aux mêmes heures.

Quelle quantité de bon foin ou équivalents faut-il par jour à un animal ?

Les animaux de travail ont besoin journellement du 3 p. 100 de leur poids vivant. Donc, en un mois, ils consomment, en foin, ce qu'ils pèsent, et douze fois ce poids en un an. Pour les animaux de rente, il faut par jour environ 5 p. 100 de leur poids, et on peut dire qu'il faut leur donner toute la nourriture qu'ils peuvent consommer utilement.

Que doit-on observer dans la distribution des rations ?

On doit observer : 1° L'exactitude ; 2° l'ordre ; 3° la propreté ; 4° l'économie ; 5° la variété quand cela est possible ; 6° faire boire quand la ration est consommée aux 2|3 environ, puis donner l'avoine quand elle entre dans l'alimentation.

Quand doit-on mettre les animaux au vert ?

Ce régime doit être donné au printemps pour corriger les effets de celui trop sec des autres saisons ; il a lieu tantôt au pâturage, tantôt à l'écurie.

Quels sont les effets du vert ?

Quand le vert convient, il rend les animaux plus gais,

plus vifs, les urines augmentent, la peau s'assouplit, le poil devient plus luisant et l'animal est légèrement purgé ; ce régime ne doit pas durer plus de 8 ou 10 jours et il ne faut pas de passage subit d'un régime à l'autre.

Quels soins faut-il prendre avec le régime des pâturages ?

On doit avoir le soin : 1° De ne pas sortir les animaux avec des gelées blanches ; 2° les éloigner des mares et des endroits malsains ; 3° les faire boire chaque jour ; 4° les faire déplacer le moins possible inutilement ; 5° ne pas mettre dans un pâturage plus de bêtes qu'il ne peut en nourrir ; 6° veiller à l'état sanitaire et mettre à part les animaux malades surtout quand le mal est contagieux ; 7° donner du sel au moins deux fois par semaine ; 8° s'assurer tous les jours s'il ne manque aucun animal.

Qu'y a-t-il à observer par rapport aux boissons ?

Il faut éviter de faire boire trop froid surtout quand les animaux sont en moiteur, il est bon aussi de ne pas les faire courir au sortir de l'abreuvoir, de laisser la bride quand on fait boire après le travail ; les animaux faibles et maladifs doivent boire blanc. Il est bien entendu qu'on ne doit donner que des eaux propres et saines. L'eau des puits doit rester quelque temps dans l'abreuvoir avant de la faire boire. On ne doit jamais abreuver à des eaux sortant des neiges ou des glaciers car elles sont trop froides. Les animaux maladifs ou délicats doivent, par les temps froids, être abreuvés dedans.

Que doit faire le chef d'attelage le soir après la rentrée ?

Le chef doit : 1° S'assurer si toutes les bêtes sont bien attachées ; 2° s'il n'y en a point de blessées, de malades, de déferrées ; 3° si tous les harnais sont bien placés ; 4° s'il n'y a pas de courants d'air froid dans les écuries ; 5° si tous les animaux mangent et sont *convenablement* rationnés, et si tout est en ordre.

Quels soins réclament les grands animaux le matin avant de quitter l'écurie?

Ces animaux, en outre de la nourriture, ont besoin d'être pansés.

Qu'est-ce que le pansage?

Le pansage consiste à étriller, brosser, etc., les animaux, en un mot, à entretenir la propreté de leur peau.

Quels sont les principaux instruments de pansage?

Ces sont : le bouchon, l'étrille, la brosse, l'époussette, le peigne, les ciseaux et l'éponge.

Pourquoi panse-t-on les animaux?

1° Pour la propreté, 2° pour faciliter la transpiration, 3° pour assouplir la peau et la maintenir fraîche, 4° pour délasser les animaux et faciliter une foule de fonctions. Il serait bon de faire le pansage hors des écuries à cause de la poussière qui salit les crèches et les fourrages.

Que doit-on faire dans un pansage complet?

On doit dans ce cas : 1° visiter les pieds, les nettoyer; 2° bouchonner; 3° passer l'étrille; 4° la brosse; 5° peigner la queue, la crinière; 6° passer l'époussette; 7° l'éponge pour nettoyer la bouche, le tour des yeux et les parties où n'ont pu passer ni l'étrille ni la brosse.

Qu'est-ce que les harnais?

On appelle harnais toutes les pièces que l'on place sur les animaux pour leur utilité ou la nôtre. Ces pièces doivent toujours s'appliquer exactement sur les parties où elles sont placées et n'être ni trop grandes ni trop petites, solides sans être raides ni trop pesantes; les liens courroies, attaches seront forts, fermes, résistants, inextensibles; les parties en fer, en cuivre doivent être tenues très-propres. On doit graisser les pièces en cuir et conserver les cordes en lieu sec.

Comment peut-on diviser les harnais?

On peut les diviser en trois classes :

1º Harnais de gouverne : bride, bridon, guides.

2º Harnais de tirage : collier, traits, fourreaux, sellette, surdos, ventrière, avaloire.

3º Harnais de transport : selle, bât.

Quels sont les instruments destinés à punir et à contenir les animaux ?

Ce sont : le fouet, la cravache, les *morailles*, le serre-nez, les entraves et le trousse-pied.

Quand faut-il punir un animal ?

On ne doit punir un animal que lorsqu'il est en faute et tout de suite après qu'il a mérité la correction et seulement quand la douceur n'a pu en venir à bout.

Qu'est-ce que la ferrure ?

La ferrure consiste à rogner avec méthode la corne des pieds des solipèdes afin d'y fixer des fers.

Pourquoi ferre-t-on les animaux de travail ?

On les ferre 1º pour empêcher l'usure du sabot, 2º pour prévenir ou corriger les défauts des pieds.

A quel âge doit-on ferrer les chevaux?

Cet âge varie suivant leur destination, mais il y a avantage à attendre qu'ils aient pris presque tout leur développement.

Vices rédhibitoires

Qu'entend-on par vices rédhibitoires?

On entend par vices rédhibitoires certains vices cachés qui permettent, d'après la loi, de rendre les animaux aux vendeurs dans des délais fixés.

Quels sont les vices rédhibitoires pour le cheval, l'âne et le mulet ?

Ce sont :

1° La fluxion périodique des yeux.

2° L'épilepsie ou le mal caduc.

3° La morve.

4° Le farcin.

5° Les maladies anciennes de poitrine ou vieilles courbatures.

6° L'immobilité.

7° La pousse.

8° Le cornage chronique.

9° Le tic sans usure des dents.

10° Les hernies inguinales intermittentes.

11° La boiterie intermittente pour cause de vieux mal.

Quels sont les vices pour l'espèce bovine ?

Ce sont :

1° La phthisie pulmonaire ou pommelière.

2° L'épilepsie ou mal caduc.

5° Les suites de la non délivrance, ainsi que le renversement du vagin ou de l'utérus, après le départ chez le vendeur.

Quels sont les vices rédhibitoires pour l'espèce ovine ?

Ce sont :

1° La *clavelée*. Cette maladie, reconnue chez un seul animal, entraînera la rédhibition de tout le troupeau. La rédhibition n'aura lieu que si le troupeau porte la marque du vendeur.

2° Le *sang de rate*. Cette maladie n'entraînera la rédhibition du troupeau qu'autant que, dans le délai de la garantie, la perte constatée s'élèvera au quinzième au moins des animaux achetés.

Dans ce dernier cas, la rédhibition n'aura lieu également que si le troupeau porte la marque du vendeur.

Quel est le délai pour intenter l'action rédhibitoire ?

Le délai pour intenter l'action rédhibitoire sera, non compris le jour fixé pour la livraison, de trente jours pour le cas de fluxion périodique des yeux et d'épilepsie ou mal caduc, de neuf jours pour tous les autres cas.

Si la livraison de l'animal a été effectuée, ou s'il a été conduit, dans les délais ci-dessus, hors du lieu du domicile du vendeur, les délais seront angmentés d'un jour par cinq myriamètres de distance du domicile du vendeur au lieu où l'animal se trouve.

Dans tous les cas, l'acheteur, à peine d'être non recevable, sera tenu de provoquer, dans les délais mentionnés ci-dessus, la nomination d'experts chargés de dresser procès-verbal. La requête sera présentée au juge de paix du lieu où se trouvera l'animal.

Ce juge nommera immédiatement, suivant les cas, un ou trois experts, qui devront opérer dans le plus bref délai.

La demande sera dispensée du préliminaire de conciliation et l'affaire instruite et jugée comme matière sommaire.

Si, pendant la durée des délais fixés, l'animal périt, le vendeur ne sera pas tenu de la garantie, à moins que l'acheteur ne prouve que la perte de l'animal provient d'un vice rédhibitoire.

Le vendeur sera dispensé de la garantie résultant de la *morve* et du *farcin* pour le cheval, l'âne et le mulet, et de la *clavelée* pour l'espèce ovine, s'il prouve que l'animal, depuis la livraison, a été mis en contact avec des animaux atteints de ces maladies.

DIGNE. — VIAL, IMPRIMEUR-LIBRAIRE, PLACE CAPITOUL, 5.

www.ingramcontent.com/pod-product-compliance
Lightning Source LLC
Chambersburg PA
CBHW070804210326
41520CB00011B/1829